자연을 줍는 사람들의 유쾌한 이야기

우리가 사체를 줍는 이유

2020년 10월 30일 초판 인쇄

글·그림 모리구치 미쓰루 | 옮긴이 박소연

기획 이성애 | 교정·교열 김정연 | 편집 한명근
마케팅 한명규 | 디자인 김성엽의 디자인모아

발행인 한성문 | 발행처 숲의전설

출판등록 2002년 9월 16일 제2002-000291호
주소 경기도 고양시 덕양구 삼원로 63, 1015호
전화 02-323-2160 | 팩스 02-323-2170
전자우편 garambook@garambook.com
블로그 blog.naver.com/garamchild1577
페이스북 facebook.com/garamchildbook
인스타그램 instagram.com/garamchildbook
트위터 twitter.com/garamchildbook 유튜브 가람어린이tv

ISBN 979-11-968104-2-9 03470

책의 내용과 그림을 출판사와 저자의 허락 없이
인용하거나 발췌하는 것을 금합니다.

* 잘못 만들어진 책은 바꿔 드립니다.
* 책값은 뒤표지에 있습니다.
* 숲의전설은 가람어린이출판사의 청소년 교양 문학 브랜드입니다.

이 도서의 국립중앙도서관 출판예정도서목록(CIP)은 서지정보유통지원시스템 홈페이지(http://seoji.nl.go.kr)와 국가자료
공동목록시스템(http://www.nl.go.kr/kolisnet)에서 이용하실 수 있습니다.(CIP제어번호: CIP2020033638)

모리구치 미쓰루 글 그림
박소연 옮김

자연을 줍는 사람들의
유쾌한 이야기

우리가 사체를 줍는 이유

숲의전설

'사체는 자연의 안내자이다'

차례

1

**내가
무엇이든
줍는 이유**

2

우리가
무엇이든
줍는 이유

3

**사람들이
싫어하는
곤충들의
세계**

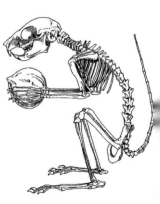

1

내가 무엇이든 줍는 이유

북쪽에서 온 괴상한 편지

봉투를 열어 보니 바짝 마른 나무뿌리처럼 생긴 가늘고 긴 것이 휴지에 싸인 채 굴러 나왔다. '이게 뭐지?' 생각하며 함께 나온 광고지를 살펴보았더니 뒷면에 크레용으로 갈겨쓴 마키코의 편지가 있었다.

"선생님, 저는 지금 아오모리의 작은 마을에 있습니다. 여기서 저는 두 아이와 놀아 주며 소를 돌보기도 하고 집안일을 도우며 지내고 있어요. 어제는 송아지 한 마리가 태어났어요. 소는 80마리 정도이고 송아지는 열 마리쯤 돼요. 송아지한테는 엄청나게 큰 우유병으로 젖을 주는데 탯줄이 말라붙어 있어 가위로 잘라 냈어요. 난투 끝에 겨우 잘라 낸 거예요. 몰래 가져와 선생님께 보내요. 냄새가 지독한 것이 두더지 못지않네요(마키코는 지난번에도 지독한 냄새가 나는 두더지 말린 것을 나에게 보내 주었다). 그래도 구하기 힘든 거라 선생님께 보내 드려요. 냄새가 지독해요. 일주일 동안 이를 닦지 않은 할아버지한테 나는 냄새 같아요. 덜 마른 것도

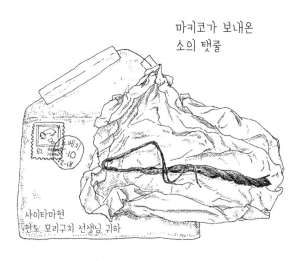

마키코가 보내온
소의 탯줄

있지만 냄새가 백 배는 더 심해 이걸 보냅니다. 탯줄을 싼 종이가
축축해지는 것도 꽤 운치가 있다고 생각하지만요.

　　그럼 이만, 개학하면 학교에서 봐요. −마키코."

　　과연 역한 냄새가 방 안에 가득 찼다. 혼자 쓴웃음을 지으며 새삼
스럽게 마키코의 편지를 한참 노려보았다.

　　마키코는 내가 가르치는 학교의 학생이다. 방학 동안 아는 사람의
농가에 일을 도와주러 갔다가 나에게 이런 괴상한 편지를 보내왔다.
소의 탯줄(더군다나 냄새가 지독한)을 선생님에게 보내는 학생이나 그것
을 받는 나 모두 이상한 사람으로 보일지 모르겠다. 그러나 거기에는
나름대로 이유가 있다.

　　지금부터 그 이상한 '이유'에 대해서 이야기하겠다.

야쿠 섬 원시림에서

아침에 침낭 속에서 눈을 뜨니 텐트 천장 여기저기 거머리가 붙어

두더지

예전에 마키코가 한국 한약방에서 사다 준
두더지 말린 것.

있다. 머리맡에 놓아 둔 핀셋으로 거머리를 잡아 라이터로 태워 깔끔하게 처리한다.

밖을 보니 오늘도 안개가 자욱하게 끼어 눅눅하다. 이곳은 습도가 항상 98퍼센트를 넘는다. 젖은 트레이닝복은 두 주가 훨씬 넘게 널어놓았지만 마를 기미는 전혀 보이지 않는다. 마르기는커녕 썩고 있는지 지독한 냄새가 코를 찌른다.

오늘 아침 당번은 나다. 코펠에 2인분의 쌀을 넣고 휴대용 가스레인지에 올려 밥을 짓는다. 밥이 다 되면 치킨라이스 재료를 넣고 뒤섞으면 그것으로 완성이다.

대학교 3학년이던 해 초여름, 나는 약 두 달 동안 조사 보조로 야쿠섬 원시림에서 생활했다. 야쿠 섬은 원래 비가 많은 곳인 데다 장마 때 들어갔기 때문에 당연히 비는 매일같이 왔다.

옷을 말려 봤자 아무 소용이 없다는 것을 깨닫고부터는 비에 젖으면 그대로 체온으로 말리거나 가스레인지 불에 쪼이다가 또 비를 맞았다. 준비한 작업용 신발은 원래도 낡은 것이었지만 나중에는 거의 썩어 갔다.

섬에 있는 내 모습

가장 어려운 점

"그렇게 하면 안 보인다고."

선배는 늘 같은 말만 되풀이했고 나는 매일 투덜거리며 측량용 폴(pole)을 들고 고도 1,200미터의 원시림을 돌아다녔다.

원래 목욕하는 것을 싫어했기 때문에 씻지 못하는 것은 그다지 신경 쓰이지 않았다. 비에 젖으면 말리면 되니까. 거머리가 허벅지에 붙어 속옷이 피로 물든 적이 있었지만, 그것도 딱 한 번뿐 별로 문제가 되지는 않았다. 그러나 배부른 소리로 들릴지 모르겠지만 밥이 부족한 것은 견딜 수 없었다. 아침은 치킨라이스, 점심은 라면, 저녁은 즉석 카레. 매일 똑같은 메뉴가 계속됐다. 배가 고프면 신경이 날카로워진다.

원시림 조사에서 허드렛일을 하게 될 것이라는 점은 이미 알고 있었지만 산에 들어간 지 2주일이 지났을 때 선배와 나는 최악의 관계가 되어 있었다. 뒤늦게 조사에 합류한 친구가 둘이 대화를 나눠 보라고 충고해 주어 우리 둘 다 상당히 예민해져 있다는 사실을 깨달

야쿠시마사슴의 머리뼈
사슴의 피를 먹기 위해
거머리가 숲에서 몰려든다.

├─ 19cm

을 수 있었다.

선배와 나는 먹는 것이 얼마나 중요한가를 뼈저리게 느끼고 학교에 소식을 전했다.

'긴급. 식량을 보낼 것!'

마른 멸치의 힘

일단 산에서 내려와 도착한 식량을 받으러 갔다. 묵직한 상자 세 개가 와 있었다. 이렇게 기쁠 수가!

첫 번째 상자를 열어 보니 라면이 가득 들어 있었다. 두 번째 상자에는 즉석 식품, 그것도 대부분이 카레였다. 그리고 세 번째 상자를 열었다.

'뭐야, 이거? 도대체 무슨 생각으로 이런 걸 보낸 거야?'

상자 안에는 자두 말린 것과 마른 멸치가 가득 들어 있었다. 그것을 본 순간 우리는 소리를 지르고 말았다. 식사의 질은 조금도 나아지지 않았다. 그러나 양만은 풍부했다. 점심 식사에 한 사람이 라면

마취목

붓순나무

삼나무
그루터기

1991년 12월 24일
야쿠 섬 요도가와 앞
삼나무의 잘린 그루터기를
중심으로 여러 식물이
자라고 있다.

← 삼나무

두 개 반을 먹을 수 있었다. 저녁에도 가위바위보에서 이기면 카레가 아닌 다른 즉석 식품을 먹을 수도 있었다(하지만 지면 카레다).

처음에는 불평을 했지만 실컷 먹을 수 있다는 생각 때문에 질에 관해서는 금방 잊어버렸다. 게다가 카레는 얼마 후 운동복과 신발에서 나는 찌든 냄새, 그리고 쌀에서 나는 군내를 없애는 데 도움이 되었다. 밥을 지을 때 카레와 함께 이것저것을 넣으면 카레가 쌀의 군내를 없애 준다.

그러나 두 달 내내 이런 음식만 먹는 것은 인체 실험이나 다를 바 없다. 나도, 뒤에 합류한 친구도 조사가 끝날 무렵에는 똑바로 서 있는 것도 힘들 정도가 되었다(왠지 선배만은 멀쩡했다).

'뭐야, 이거!'

쓸모없다고 여긴 마른 멸치가 이때 도움이 되었다. 마른 멸치를 아드득아드득 씹으면 왠지 다시 힘이 솟는 듯했다.

"음, 다 생각이 있어서 보낸 거구나."

이렇게 말하며 식량 담당자(이 역시 내 친구다)를 입에 침이 마르도록 칭찬했는데 나중에 물어보니(식량 조달과에 친구가 한 명 있었다), 그러면

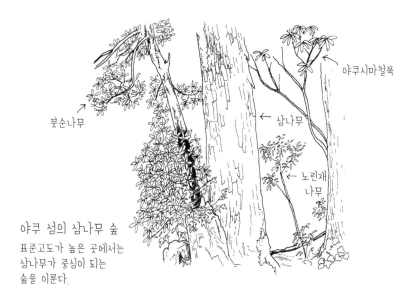

야쿠시마철쭉

붓순나무

삼나무

노린재
나무

야쿠 섬의 삼나무 숲
표준고도가 높은 곳에서는
삼나무가 중심이 되는
숲을 이룬다.

그렇지 아무 생각 없이 고른 것이라고 한다. 그저 싸고 가벼운 것을 골랐을 뿐이란다. 어찌 됐든 원시림 조사를 무사히 마치고 돌아온 후 반년 동안은 라면과 카레를 보기만 해도 넌더리가 났다. 물론 마른 멸치도 마찬가지였다.

진짜 숲을 만나다

먹는 것에 대한 이야기는 이 정도로 하고 조사에 대하여 이야기하겠다. 야쿠 섬은 자연을 조사하기에 더할 나위 없이 좋은 곳이다. 고도 1,200미터에 펼쳐진 삼나무 숲에는 평소에 보기 힘든 커다란 삼나무들이 죽 늘어서 있다. 게다가 비가 많이 오는 곳이어서 땅 위뿐 아니라 나무줄기에도 바위 위에도, 그리고 골짜기까지 이끼가 빈틈 없이 자라고 있다. 주변이 온통 초록색이어서 공기도 초록 빛깔로 보일 정도이다. 진짜 숲이란 이런 거구나 하는 것을 나는 태어나서 처음으로 실감했다.

우리가 텐트를 쳤던 곳에서 가까운 삼나무 숲의 삼나무 줄기는 지

수레나무의 열매

싹이 틈

수레나무

습도가 높은 야쿠 섬에서는 삼나무
에 주로 착생한다.

야쿠시마철쭉

벚진달래

삼나무 그루터기에서
자라난 수레나무.
뿌리가 그루터기를 덮었다

노린재나무 →

1991년 12월 23일 야쿠 섬 요도가와 부근

름이 몇 미터나 되는 작고 땅딸막한 모양이다. 그런데 이 삼나무들에는 이끼뿐 아니라 수레나무, 벚철쭉, 야쿠월귤나무, 가막살나무를 비롯해 여러 식물들이 엉겨 붙어 마치 한 그루의 나무가 숲 전체를 이루고 있는 것처럼 보였다. 야쿠 섬은 식물들이 삼차원적으로 가득 찬 세계였다.

선배는 이곳을 120m×100m로 구역을 나누고, 한 구역을 다시 50m²의 넓이로 나누어 그 안에 어떤 식물들이 어떻게 자라고 있는지를 조사하였다.

처음에는 지형도를 만들기 위해 구역 안을 측량하는 일을 했다. 그리고 거기에 자라는 나무의 종류와 위치, 굵기를 지형도에 기록하였다. 또 나뭇잎의 폭이나 크기, 어린 나무의 싹이 자라는 모습, 심지어 나무 그늘에서 자라는 풀들도 조사하였다. 나는 조사 방법을 배우기 위해서 참가했기 때문에 시키는 것만 처리하면 되었지만 그것조차 힘겨웠다.

이 조사의 목적은 야쿠 섬의 원시림이 어떻게 그 모습을 보존하고 있는가를 밝히는 것이었다. 아무리 거대한 삼나무라도 언젠가는 쓰

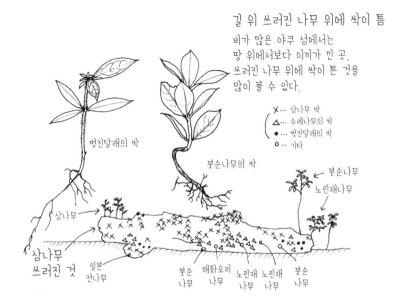

길 위 쓰러진 나무 위에 싹이 틈
비가 많은 야쿠 섬에서는 땅 위에서보다 이끼가 낀 곳, 쓰러진 나무 위에 싹이 튼 것을 많이 볼 수 있다.

×… 삼나무 싹
△… 수레나무의 싹
●… 벚진달래의 싹
○… 기타

벚진달래의 싹

붓순나무의 싹

붓순나무
노린재나무

삼나무

삼나무 쓰러진 것   일본 전나무   붓순 나무   매화오리 나무   노린재 나무   노린재 나무   붓순 나무

러진다. 사람이 조성한 숲과 달리 자연림에서는 나무 스스로 자손을 키워 내야 한다. 그 방법을 알아내기 위해 우리는 산에 들어가 말린 멸치를 갉작거리며 측량을 하고 나무를 끌어안아 둘레를 재고 땅 위를 여기저기 기어 다니며 싹이 나는 곳을 찾았다. 그러나 나는 그런 일을 계속하면서 점점 불안감에 사로잡히기 시작했다.

목표를 상실하다

나는 어릴 때부터 '살아 있는 것'들을 좋아했다. 정원 한쪽에 식물원을 만들고 곤충 채집이나 조개껍데기 수집에도 열중했다. 고등학교 때는 버섯에 빠져 있었다. 그래서 아무 망설임 없이 생물과를 선택했다.

그러나 입학하고 한참 지나서 대학에서는 내가 가장 좋아하는 곤충에 대해서 공부할 수 없다는 것을 알게 되었다. 놀람과 동시에 실망도 컸지만 식물에 대해서는 잘 모르므로 곤충과는 또 다른 재미가 있을 거라고 생각을 고쳐먹었다. 마침 그때 야쿠 섬 조사 이야기가

어릴 때 수집한 조개껍데기

마노석개오지

줄물고둥

큰구슬우렁이

테레벨룸고둥

나비접시조개

짝귀비단가리비

산호살이조개

나와 참여하게 된 것이다.

그런데 나는 지독한 게으름뱅이다. 생물을 보는 것은 아주 좋아하지만 생물을 조사하는 작업은 끈기가 필요하다. 야쿠 섬의 조사는 선배의 일을 보조해 주는 일이어서 그럭저럭 해 나갈 수 있었지만 혼자라면 이야기가 달라진다. 연구나 조사를 혼자 힘으로 해야 한다면 과연 끈기 있게 해 나갈 수 있을까 하는 불안감이 들기 시작했다. 그리고 야쿠 섬 조사를 하는 동안 생물 자체가 싫어지는 것은 아닐까, 생물을 단지 조사를 위한 데이터로만 보게 되는 것은 아닐까 등 이런저런 생각이 머릿속에 꽉 찼다.

매일 삼나무를 얼싸안고 둘레를 재었더니 라면이나 마른 멸치가 그랬던 것처럼 나중에는 나무를 보기만 해도 진저리가 날 정도였다.

"이건 아니야."

지금까지 내 마음을 지탱해 왔던 '생물을 좋아하는 마음'이 사라지고 있었다.

그런 불안에 싸여 있던 내 앞에 한 사람이 나타났다. 마침 조사가 하나 일단락되어 휴식도 하고 식량도 조달받을 겸 다음 날 산에서 내

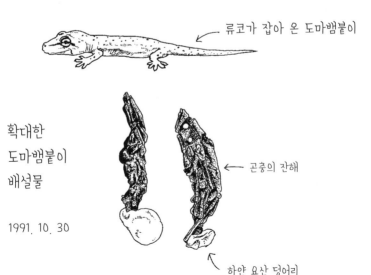

류코가 잡아 온 도마뱀붙이

확대한
도마뱀붙이
배설물

1991. 10. 30

곤충의 잔해

하얀 요산 덩어리

려와 해안 가까이 있는 베이스캠프로 돌아왔을 때였다.

"이쪽이야, 이쪽!"

"잘 들어갔어!"

아저씨 두 사람이 이상한 대화를 나누고 있어 가까이 가 보았다.

"농발거미가 새끼 도마뱀붙이를 잡아먹었어."

한 아저씨가 아주 기쁜 표정으로 알코올 속에 집어넣은 표본을 나에게 보여 주었다. 그는 미쓰다 선생님이었다.

이상한 선생님

그때 야쿠 섬 조사에는 우리 학교 삼림반 말고도 다른 대학의 다양한 연구 그룹들이 참가하여 원숭이나 곤충 등을 조사하고 있었다. 미쓰다 선생님은 교토 대학에서 식물 분류 조사를 위해 이곳에 온 분이었다.

미쓰다 선생님은 원래 식물이 전문 분야라고 했다. 양치식물의 분류에도 정통했고 그 후 산에 올라가서는 내가 잘 모르는 식물에 대해

양치식물

나무줄기에 착생하는 양치식물.
야쿠 섬은 강수량이 많아 습기를 좋아하는
양치식물이 풍부하다. 야쿠 섬 조사에서
알 수 없는 양치식물은 미쓰다 선생님에게
이름을 종종 물어보기도 했다.
그림은 거의 실물 크기.

서도 많이 알려 주었다. 그런데 이러한 식물 선생님이 새끼 도마뱀붙이를 먹는 농발거미를 잡고 기뻐하고 있었다. 왜일까?

"무엇이든 그냥 지나치면 안 돼."

무척추동물인 거미가 척추동물인 도마뱀붙이를 먹고 있다. 재미있는 광경이 아닌가! 하지만 재미를 느끼는 것으로 끝나서는 안 되는 것이다. 정확하게 기록해 놓아야 한다. 이것이 선생님의 생각이었다. 물론 선생님은 전문 분야인 식물에 관한 분류 자료를 정리하는 데도 열성적이었다. 베이스캠프로 돌아가서는 산더미 같은 표본을 부지런히 정리하는데, 옆에서 보고만 있어도 흥미로웠다.

"여기 자주땅귀개는 아무래도 너무 작아."

"천남성같이 줄기가 굵은 것은 이렇게 줄기를 반으로 나누어 표본을 만들어야 해."

식물들을 차곡차곡 신문지에 끼워 넣고, 하나로 합쳐서 비닐봉지에 싸고, 알코올에 적시는 모습이 거침없었다. 여기서는 식물을 눌러 정리할 시간이 없다. 그렇게 식물들이 이제는 낡아 색이 바랜 선생님의 차 안에 차례차례 쌓여 갔다.

야쿠시마천남성의 한 종류
《야쿠 섬 박물지》에서
1983. 8. 2

그 모습은 나에게 강렬한 인상을 주었다. 미쓰다 선생님은 '걸어 다니는 호기심'이라고 할 만했다.

불안해하던 내 머릿속에서 안개가 걷히는 듯했다.

"선생님, 이 식물 이름 좀 가르쳐 주세요."

나는 머뭇거리면서, 들고 다니던 노트를 선생님 앞에 내밀었다. 이름을 잘 모르는 식물들과 조사 중간에 언뜻 본 생물들을 스케치해 둔 노트였다.

미쓰다 선생님의 한마디

"그림 좋은데. 살아 있는 것 같아."

동경하게 된 선생님의 한마디가 내 마음을 들뜨게 했다. 지금 생각해 보면 그때 스케치가 정말로 훌륭했던 것은 아니다. 하지만 조사가 이루어지는 틈틈이 그리고 싶다는 생각 하나로 그렸던 것은 분명하다. 미쓰다 선생님은 그 점을 알아준 것이다. 원래 단순한 성격인 나는 이 일을 계기로 하나의 목표를 세우게 되었다. 먼 미래는 생각할

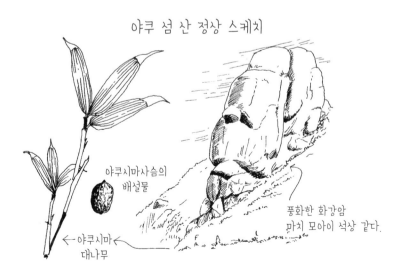

야쿠 섬 산 정상 스케치

야쿠시마사슴의 배설물

풍화한 화강암 마치 모아이 석상 같다.

←야쿠시마←
대나무

것 없이 우선 이곳에 있는 동안에 야쿠 섬의 생물을 닥치는 대로 그리기로 한 것이다. 미쓰다 선생님처럼 식물만이 아닌 모든 생물을 대상으로 말이다.

그때부터 시간과의 싸움이 시작됐다. 조사를 도우면서 틈틈이 스케치를 했고 라면을 다른 사람보다 빨리 먹어 치우고(빨리 먹는 것은 내 특기다) 또 스케치를 했다. 밤에는 텐트 안에서 촛불을 켜 놓고 그렸다. 스케치를 시작하자 내 주위는 온통 즐거운 일로 가득 차게 되었다. 비가 오면 달팽이가 기어 나와서 기쁘고, 태풍이 불면 평소 보이지 않던 기생식물이 나무 위에서 떨어져 기뻤다. 밤이 되면 베이스캠프에 켜진 전등 빛을 보고 찾아오는 곤충을 스케치했다. 심지어 텐트에 침입하는 거미나 쥐조차도 나에게는 반가운 손님이 되었다(그러나 거머리만은 아무래도 반길 수 없었다).

야쿠 섬의 모든 생물을 그리는 것이 목표였으므로 낙엽 한 장이라도 놓치지 않고 주워서 그렸다. 그러나 야쿠 섬에 머문 것은 단 두 달이었고 더구나 이번 조사의 중심은 삼나무 숲이었기 때문에 모든 생물을 그리겠다는 목표를 달성할 수는 없었다. 하지만 나뭇잎 한

야쿠 섬의 달팽이
비가 오면 달팽이가 기어 나온다.
텐트까지 들고 옴.
(《야쿠 섬 박물지》에서)

1983. 7. 25

장, 어린 싹 하나까지 포함하여 모두 333종류의 생물을 스케치할 수 있었다.

숱하게 스케치하면서 깨달은 것은 내가 많은 생물을 보고 싶어 하고 그리고 싶어 한다는 것이었다. 그때는 그렇게 자신 있게 확신하지는 못했지만 그것이 '내가 가장 하고 싶은 것'이라는 느낌만은 분명했다. 집으로 돌아와 이때의 노트 스케치를 다시 손보고 정리하여 책으로 만들었다. 그 책은 발행 부수 세 권에 나 혼자 출판한 책《야쿠 섬 박물지(博物地)》이다.

지구 전생물도감의 꿈

생각해 보면 나는 어릴 적부터 이런 비슷한 것을 하고 있었다. 어릴 때 늘 보던 도감에는 잘 모르는 곤충들은 많이 소개되어 있었지만 내가 관심을 가지고 있는 노린재나 흰등멸구, 각다귀 등에 대해서는 자세히 실려 있지 않았다.

'그래, 내가 직접 도감을 만들어야겠다.'

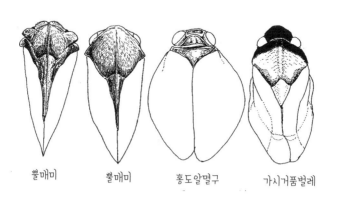

뿔매미　　뿔매미　　홍도알멸구　　가시거품벌레

노린재목의 다양한 생물들(1편)

멸구, 매미충, 거품벌레를 뭉뚱그려 노린재목이라고 한다.
나는 왠지 어렸을 때부터 이놈들이 마음에 들었다.
※그림은 확대. 날개 모양은 모두 생략하여 그렸다.

어린 마음에 나는 이런 무모한 계획을 세우고 말았다. 그것도 지구의 모든 생물을 담은 도감을 만드는 것을 목표로. 즉각 집에 있는 백과사전을 펼쳐 그림이 있는 생물은 그 그림을 모사하고 그림이 없는 생물은 설명을 상상하면서 그리기 시작했다.

"몸통은 납작하고 머리는 조그맣고 머리 바로 뒤부터 몸이 불룩 올라와 있다. 등지느러미에는 60개의 가시가 있고……."

내용을 제대로 이해하지 못하고 그렸으니 그 생물의 실제 모습과 동떨어지게 그렸던 것은 당연하다. 하지만 도감에는 그림이 없었으므로 틀린 것을 확인할 수도 없었다. 나로서는 오히려 다행스러운 일이었지만 말이다.

저녁이 되면 〈동물의 왕국〉이라는 TV 프로그램에 눈을 고정시키고 처음 보는 생물이 나오면 서둘러 스케치를 했다. 그러나 움직이는 화면인 데다 아주 잠깐밖에 비춰 주지 않았기 때문에 백과사전을 읽고 생긴 모습을 상상해 내는 것보다 더 어려웠다. 물론 신문이나 잡지에서 사진을 오려 내는 것도 잊지 않았다.

당연한 결과겠지만, 백과사전은 어린아이가 다 그려 낼 수 있는 정

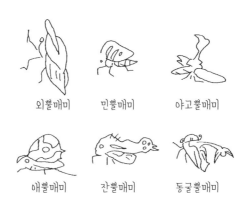

외뿔매미   민뿔매미   야고뿔매미

애뿔매미   잔뿔매미   동글뿔매미

어렸을 때 만들려고 했던
《지구 전생물도감》의 한 페이지
지금 보면 무엇을 그렸는지 전혀 모르겠다.

도의 분량도 아니고 무엇보다 내가 가지고 있는 도감보다 몇 배나 더 많은 생물이 실려 있는 도감을 발견하고 목표는 좌절되었다.

그 후 8년이 지났다. 결국 나는 같은 길로 돌아왔다. 어릴 때의 목표에서 조금도 달라지지 않았다. 야쿠 섬 조사를 통해 그 사실을 새롭게 깨달았을 뿐. 그것이 이번 조사에서 얻은 커다란 수확이었다. 솔직히 말해 지금도 《지구 전생물도감》을 완전히 단념하지는 않았다.

찾는 것보다 알아보는 것이 더 중요하다

지금도 《야쿠 섬 박물지》는 내 책꽂이에 꽂혀 있다. 불이 나면 가장 먼저 챙겨야 할 물건 중 하나다. 며칠 전에는 허둥대며 책꽂이에서 잠자고 있던 이 책을 보았다. 식물 잡지를 보다 놀라운 기사를 발견했던 것이다.

〈야쿠 섬에서 신종 덩굴용담 발견.〉

아무 생각 없이 잡지를 넘기다가 가슴이 덜컥 내려앉으며 뭔가가 머

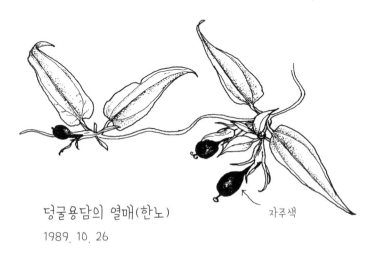

덩굴용담의 열매(한노)
1989. 10. 26
자주색

릿속을 스쳐 갔다. 《야쿠 섬 박물지》에 있는 것과 똑같은 식물이 아닌가! 나는 그것이 '신종'인 줄도 모르고 '신종'을 발견해 그렸던 것이다.

'숲에 있던 것보다 잎은 작고 꽃은 크며 색이 짙다.'라는 메모까지 해 두었다.

그랬다. 우리들이 조사한 삼나무 숲에는 보통의 덩굴용담이 피어 있었고 나는 물론 그것도 스케치하였다. 야쿠 섬 조사가 끝난 뒤 휴가를 받아 친구와 야쿠 섬의 산꼭대기에 갔다. 산꼭대기에는 거기서만 볼 수 있는 식물들이 많이 자라고 있어 짧은 일정 속에 모두 스케치하기에는 시간이 빠듯했다. 그러던 차에 늘 보아 왔던 덩굴용담과는 다른 덩굴용담을 보게 된 것이다. '고산대에서 나타나는 변이인가?' 하고 생각하면서 일단 스케치해 두고는 까맣게 잊고 있었는데 그것이 바로 신종 식물이었던 것이다.

신종 덩굴용담을 채집한 것은 미쓰다 선생님 일행이었다. 채집한 날짜는 나와 거의 같은 시기. 즉 신종 발견이란 '찾아내는가'가 아니라 '알아보는가'의 문제였다.

나는 미쓰다 선생님이 말하던 '무엇이든 기록한다'라는 말의 의미

'신종' 덩굴용담
내가 스케치한 것에는
'1983. 9. 1.
숲에 있던 것보다 잎은 작고
꽃은 크며 색이 짙다'라고 돼 있다.
《야쿠 섬 박물지》에서)

를 다시 생각하게 되었다. 내게는 신종 식물을 알아보는 눈이 없었다. 그저 닥치는 대로 그리기만 했다.

하지만 그 스케치 속에 신종이 있었다니. 나는 야쿠 섬 산속에서가 아니라 자고 있던 나의 《야쿠 섬 박물지》 속에서 신종 식물을 발견한 것이다. 역시 불이 나면 가장 먼저 챙겨야 할 물건임에 틀림없다.

살아 있는 그림과 죽은 그림

《야쿠 섬 박물지》가 다 정리될 때쯤 미쓰다 선생님이 우리 학교를 방문했다. 선생님에게 빨리 책을 보여 주고 싶어서 가슴이 두근거렸다. 미쓰다 선생님에게 처음 노트를 보일 때를 떠올리면서 나는 조금은 자신 있게 박물지를 내밀었다.

"이거 그림이 죽어 있는걸."

페이지를 홀홀 넘기면서 내뱉은 미쓰다 선생님의 첫마디가 내 가슴을 푹 찔렀다. 생각지도 못한 말이었다. 순간 내 마음은 갈가리 찢어졌다. 무엇이 잘못된 것일까.

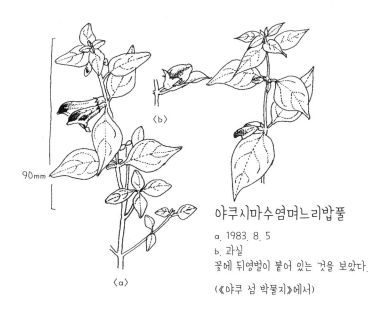

야쿠시마수염며느리밥풀

a. 1983. 8. 5
b. 과실
꽃에 뒤영벌이 붙어 있는 것을 보았다.

《야쿠 섬 박물지》에서

야쿠 섬에서 나는 수첩 크기의 작은 노트에 빽빽하게 그림을 그려 넣었다. 책으로 만들 때에는 그 그림을 하나하나 카드에 다시 그려서 정리했다. 그림을 복사할 돈도 없었거니와 현지에서 거칠게 그린 스케치를 손볼 수 있다고 생각했기 때문이다. 그렇게 카드로 만들었더니 정리하기도 훨씬 수월했다. 그것을 위해 밤늦게까지 도서관에 틀어박혀 있었는데, 그것이 잘못되었다니······.

원래 나는 솜씨가 없는 편이다. 자전거도 중학생이 되어서야 탈 수 있었고, 만들기도 왠지 엉성하고 그림도 어설프기만 했다. 그림 그리는 것을 좋아해서 그럭저럭 그릴 수 있게 된 것뿐인데 어느새 스스로 잘 그린다고 착각하고 있었던 거다. 직접 생물을 보면서 그릴 때는 그때의 생생한 느낌이 그대로 그림에 나타났지만 손을 보는 동안 그 느낌이 사라져 죽은 그림이 되고 말았다.

미쓰다 선생님은 그 점을 지적한 것이다. 생물을 직접 보면서 그림을 그릴 때는 생생한 느낌을 제대로 살릴 수 있었다. 지금 나는 미쓰다 선생님의 가르침과 내 그림 솜씨가 어설프다는 사실을 잊지 않으려고 노력한다.

야쿠 섬 필드노트 중 어느 하루

내가 선생님을 만난 것은 야쿠 섬에 머물 때 며칠과 이때뿐이었다. 그 후에는 편지를 주고받은 적도 없다. 그러나 선생님의 가르침은 《야쿠 섬 박물지》보다 훨씬 중요한 것이었다.

생물을 관찰하는 직업?

대학 4학년이 되었다. 생물을 공부하고 싶다는 생각뿐이던 나도 슬슬 진로를 결정해야 할 때가 되었다. 그렇지 않아도 일주일에 한 번 있는 영어 논문 세미나로 죽을 맛이었다. 그러니 영어와 독일어 시험을 봐야 하는 대학원 입학시험은 자연스럽게 포기하게 되었다.

경제적으로 쪼들리는 생활도 더 이상 참을 수 없었다. 부모님이 보내 주신 학비가 술값과 데이트 비용, 연구조사비로 눈 깜짝할 사이에 없어지고 공짜로 얻은 빵 조각, 교정에서 주운 도토리, 주차장 옆에서 농사 지은 채소로 끼니를 때우는 것도 넌덜머리가 났다. 그에 비하면 야쿠 섬에서 먹은 식사가 훨씬 호화로웠다.

'그래, 사회로 나가자.'

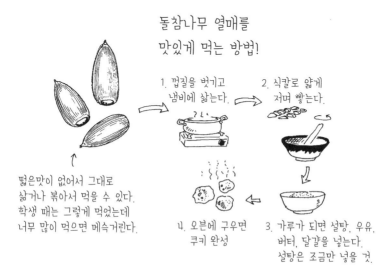

돌참나무 열매를 맛있게 먹는 방법!

1. 껍질을 벗기고 냄비에 삶는다.

2. 식칼로 얇게 저며 빻는다.

떫은맛이 없어서 그대로 삶거나 볶아서 먹을 수 있다. 학생 때는 그렇게 먹었는데 너무 많이 먹으면 메슥거린다.

4. 오븐에 구우면 쿠키 완성

3. 가루가 되면 설탕, 우유, 버터, 달걀을 넣는다. 설탕은 조금만 넣을 것.

그런데 생물들을 보며 스케치하고 박물지를 만들 수 있는 직장이 과연 있을까? 상식적으로 생각하면 그런 곳은 없다. 그러면 무엇을 해야 할까…….

'선생님!'

그때 비로소 선생님이라는 직업에 대해 생각해 보게 되었다. 하지만 재주도 없고 낯가림도 심하고 말주변도 없는 나, 그런 내가 선생님이 되는 것이 과연 가능할까? 모르겠다. 일단 해 보자.

처음에 응시했던 교사 채용시험에 멋지게 불합격하였다. 면접 때 존경하는 인물이 누구냐고 물었는데 그건 너무나 곤혹스러운 질문이다. 내가 존경하는 사람은 사람들에게 잘 알려지지 않은 사람이다. 그러니 내가 아무리 진지하게 말한다 해도 내 말을 이해할 수가 없다. 결국 면접은 횡설수설하다가 끝나 버렸다. 물론 그것 때문만은 아니겠지만 어쨌든 첫 번째 시험은 불합격이었다.

두 번째 응시.

"잘 모르겠는데, 아무튼 합격하신 것 같아요."

무슨 대답이 그런가. 아무리 기다려도 결과를 알려 주지 않아 전화

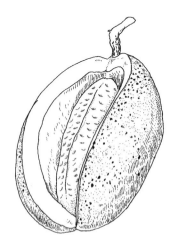

삼엽으름덩굴의 열매

교사 채용시험에서 모의수업을 하였다. 무엇을 할지 고민한 끝에 '먹을 수 있는 나무열매'라는 수업을 하게 되었다. 먹을 것으로 아이들의 관심을 끄는 방법은 이때부터 지금까지 쭉 사용하고 있다.

93. 10. 3

를 해 보니 학교에서는 미덥지 않은 말뿐이었다.

"계약을 하러 일단 사무실로 와 주세요."

수화기 너머로 이런 목소리가 들려왔다.

자유숲 중고등학교

그때까지 한 번도 들어 본 적 없는 '한노'라는 곳에 '자유숲 중고등학교'가 있다고 했다.

"사립이라고? 부잣집 아이들이 다니는 곳 아니야? 그런 데가 너한테 맞을 리 없잖아."

친구들이 걱정해 주었다.

"언제 망할지 모르는 학교에는 아예 가지 않는 게 좋겠구나."

어머니도 말리셨다.

솔직히 나도 망설여졌다. 내가 그 학교에 가지 않기로 결심한 결정적인 이유는 당시 만나던 여자 친구와 헤어지고 싶지 않아서였다. 그래, 이 일은 없던 걸로 하자, 그렇게 결심했다. 그래도 날 뽑아 주었

간토 지도

미노루가 들쇠고래 뼈를
주워 온 곳
고토 열도(뒤에 나옴)

지금 내가 살고 있는
한노

내가 태어난
지바 현 다테야마

야쿠 섬

아이들과 곤충을 주운
하치조 섬(뒤에 나옴)

는데 찾아가 변명이라도 하고 오자고 마음을 먹었다.

"저, 죄송하지만 이 학교에 근무하지 않겠습니다."

한노 역 근처에 있는 학교 사무실에 가서 이렇게 말하자 남자는 나를 보고 싱글벙글 웃으며 대답했다.

"그러세요. 그런데 여기까지 오셨으니 학교는 한번 둘러보고 가시지요."

그는 나를 차에 태우고 학교로 출발했다.

차는 마을을 벗어나 강을 따라 달려 산으로 향했다. 작은 외양간을 지나 좁은 산길로 들어섰다. 사방이 산으로 둘러싸인 곳에 학교 건물이 지어지고 있었다.

자유숲 중고등학교는 그때(1984년) 신설되었다. 자연으로 둘러싸인 학교 부지를 보자마자 나는 그때까지의 결심을 확 바꾸었다. 이런 곳에서 선생님을 할 수 있다니!

나는 지금 여기에서 9년째 근무하고 있다. 즉 여자 친구와 헤어진 지 9년이 되었다. 나는 이렇게 내키는 대로 살아가는 놈이다.

선생님이 되고 나서 가장 놀란 것은 학생이었을 때보다 공부를 더

주변은 작은 산들로 둘러싸여 있다. 최근에 이 산에 골프장을 짓고 있다.

자유숲 학교 주변 그림

체육관

학교 건물. 언덕 위에 지어져 있다.

잔디밭. 아이들이 햇볕을 쬐는 곳이다.

학교 맞은편의 작은 언덕. 쥐, 너구리가 살고 있다.

습지

많이 해야 한다는 사실이었다.

"이럴 리 없어!"

그러나 그건 사실이었다. 중학생을 가르칠 때는 내가 영어보다도 싫어하던 과목인 물리까지 공부해야 했다. 또 하나 힘들었던 것은 이 학교에서는 교재를 스스로 선택해야 한다는 점이었다. 자신 있었던 생물 과목도 막상 가르치려고 보니 모르는 것투성이었다. 수업 준비에 고심하고 또 고심해야 했다. 수업 준비를 미처 다 하지 못하고 교실에 들어가는 악몽을 자주 꾸었다. 새해 첫날 그런 꿈을 꾸었을 때는 학교를 그만두고 싶을 정도였다.

사체를 줍기 시작하다

악몽에 시달린 원인은 분명했다. 생물을 좋아하기는 했지만 잘 알지 못했기 때문이다. 내가 제대로 알고 있지 않으면 남을 가르칠 수 없다.

그래서 자연을 돌아보는 것부터 다시 시작하기로 했다. 야쿠 섬의

민들레 꽃을 튀기는 아이
생각해 보니 내가 이 학교에서
첫 수업 때 한 것이었다.

원시림에 있었던 기간은 나에게 굉장한 경험이었다. 그렇다면 학교 주변의 자연에 대해서는 얼마나 알고 있을까? 자유숲에 근무한 지 1년이 지나 다시 출발점에 설 수 있었다.

나는 《한노 박물지》라고 이름 붙인 과학 신문을 발행하기로 하였다. 그것은 정말 비정기적인 간행물이었다. 《한노 박물지》에 학교 주변의 생물을 중심으로 여러 가지 생물들을 소개했다. 처음에는 학생들을 위해 만든다고 생각했지만 그건 착각이었다. 박물지를 만들면서 가장 큰 도움을 받은 이는 바로 나였다.

처음에 아이들에게 《한노 박물지》를 나눠 주었을 때 바로 쓰레기통으로 들어가는 것을 보고 나는 충격을 받았다. 그러나 곰곰이 생각해 보니 충격 받을 이유가 없었다. 그 누구를 위해 만든 것도 아니지 않은가. 그 후부터 악몽을 꾸는 횟수가 점차 줄어들었다.

"동물의 사체를 들고 가면 선생님께서 좋아하실지도 몰라."

아이들이 이런 생각을 하기 시작했다.

"두더지를 주웠어요."

"새끼 참새를 주워 왔어요."

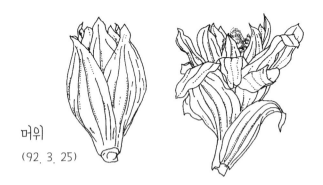

머위
(92. 3. 25)

1985년 4월 18일 발행한 《한노 박물지》 제1호에는
'먹을 수 있는 야생초' 특집을 실었다. 봄에는 역시 머위와
쇠뜨기를 따는 것이 가장 큰 즐거움이다.

"이건 뭐예요?"

학생들이 주워 온 것을 박물지에 발표하고 수업 교재로도 활용했다. 그러자 아이들은 또 다른 생물을 주워 왔다.

"새를 주웠어요. 정원에 떨어져 있었어요."

야스노와 친구들이 찌르레기를 주워 왔다.

"이거 어떻게 요리할까요?"

"해부해요?"

"박제할 거예요?"

아이들은 궁금해하며 나에게 물어보았다.

"뼈만 발라내도록 하자."

그렇게 대답한 나에게 아이들은 또 묻는다.

"씨익 웃어 줄까요?"

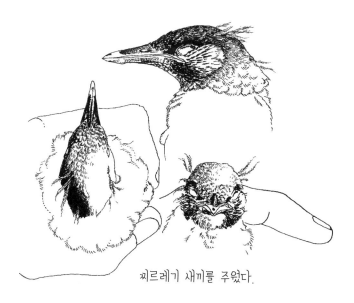

찌르레기 새끼를 주웠다.

무엇이든 줍고 모아 두는 이유

아이들이 나에게 생물의 사체를 가져오는 이유는 내가 이상한 사람이기 때문이다. 또 사체라는, 조금 <u>으스스</u>한 것을 주워 오는 것이 아이들을 더욱 의욕적으로 만든다.

그러다가 '어떻게 요리할까요?'라는 질문도 하게 되고 사체를 보며 웃을 수도 있게 된다. 물론 먹지는 않지만 사체를 보고 빙그레 웃는 것만은 분명하다.

교무실 내 책상 주변은 이런 잡동사니들로 넘쳐난다. 글을 쓰면서 책상 주위를 '탐험'해 보았다. 그야말로 판도라의 상자다. 악과 재앙의 덩어리다.

맨 위 서랍에는 여우 배설물, 발리 섬의 부적, 해부 때 냄새를 없애기 위해 사용하는 향, 누에나방 어른벌레(사체), 우렁이 껍데기. 두 번째 서랍에는 향유고래 이빨, 두리안 씨, 수정, 너구리 넙다리뼈. 세 번째 서랍에는 개의 턱뼈, 찌르레기 뼈, 도마뱀붙이 말린 것, 일본장지뱀 배설물, 에조사슴 배설물, 학생들이 먹던 자라 뼈, 인도 메뚜기,

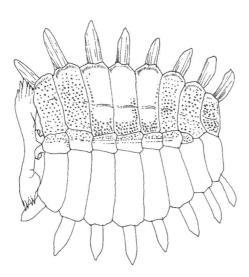

히라마쓰가 가져다준
자라 등껍데기
직접 손질해서 찌개를 만들어
먹은 후 나에게 주었다.

내 책상

93. 11. 25

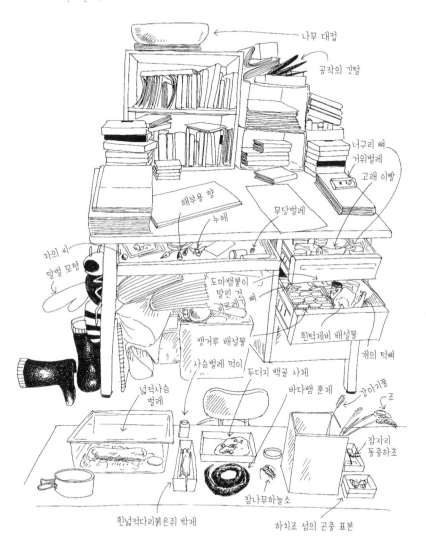

나무 대접

공작의 깃털

너구리 뼈

거위벌레

고래 이빨

해부용 향

누에

무당벌레

차의 씨

말벌 모형

도마뱀붙이
말린 거
개구리

흰턱제비 배설물

캥거루 배설물

개의 턱뼈

사슴벌레 먹이

두더지 백골 사체

바다뱀 훈제

강아지풀

조

넓적사슴
벌레

잠자리
동충하초

참나무하늘소

흰넓적다리붉은쥐 박제

하치조 섬의 곤충 표본

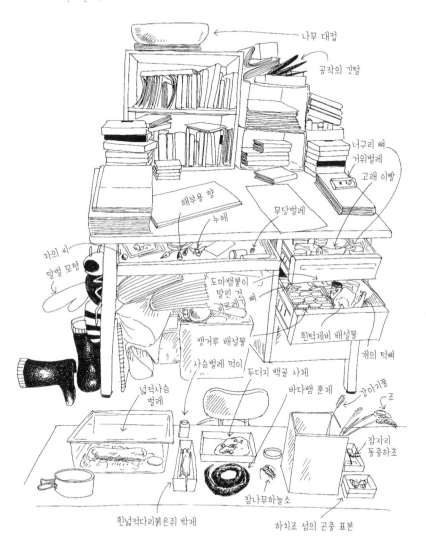

나무숲산개구리 뼈 등등. 마지막 서랍에는 곰 발바닥으로 만든 지갑, 비단벌레, 약용 바퀴벌레, 태국의 물장군 맛 간장, 나무타기도마뱀 술, 나뭇잎 화석 등이 쌓여 있다.

뒤쪽 책꽂이로 눈을 돌리면 학생들과 함께 만든 다랑어 머리 골격 표본을 비롯하여 바다거북, 너구리, 멧돼지, 비둘기 등의 뼈와 함께 새끼 참새, 뱀에게 먹히는 새끼 박새, 바나나 꽃, 흰코사향고양이 내장, 너구리 위 속 내용물을 알코올에 담근 표본 등이 빽빽하게 늘어서 있다.

실험 도구가 잔뜩 놓여 있는 과학실과 우리 집에 무엇이 있는지는 나 자신도 알지 못한다.

"무엇이든 그냥 지나치면 안 돼."

나는 미쓰다 선생님의 가르침을 충실하게 지키고 있다. 이제 여기에 마키코가 보낸 소의 탯줄이 더해진다. 그러나 무엇이든 주워 모으는 것이 단지 책상에 잡동사니가 늘어나는 것만은 아니라는 것을 조금씩 깨달아 가고 있다.

사치코와 히로코는 매일같이 학교 근처 숲에서
다람쥐에게 먹이를 주고 관찰했다.
어느 날 이들이 '다람쥐 둥지'라며 나무껍질을
찢어 만든 둥지를 들고 왔다.
(1993. 5. 6)
고맙게 받았다.

야스다 →

사치코 →

다람쥐 둥지?

2

우리가 무엇이든 줍는 이유

일본뒤쥐

"두더지를 주웠어요."

여느 때와 같이 학생들이 찾아왔다. 마침 학기 말이라 평가표를 쓰느라 정신이 없었다. 320명의 학생 한 사람 한 사람을 숫자가 아닌 글로 평가한다는 것은 간단한 일이 아니다. 눈코 뜰 새 없이 바빴다. 솔직히 지금은 두더지를 보고 있을 때가 아니었다.

"아직 살아 있어요."

그 한마디에 평가표를 휙 밀어냈다. 지금까지 아이들이 수없이 많은 두더지를 주워 왔지만 모두 학교 안을 돌아다니다 고양이에게 물어뜯긴 사체뿐이었다. 살아 있는 두더지를 접하는 기회는 자주 오는 것이 아니다.

다이키치가 가져온 종이 봉지 안을 들여다보았다. 분명 두더지였다. 아니, 정확하게 말하면 두더지의 일종으로 보통 두더지보다 조금 작은 일본뒤쥐라는 동물이었다. 색깔은 훨씬 검고 손발이 두더지보다 가늘고 약하다.

학생들이 주워 온 일본뒤쥐의 사체.
학교 안에 사는 고양이가 잡아서
버려 둔 것.

눈은 퇴화하고 있다.

파리 알

꼬리는 길다.

털은 거무스름하다.

"어디에 있었니?"

"학교 강당에요."

"강당에 있었다고?"

그곳은 1층이기는 하지만 평소 문이 굳게 닫혀 있는 곳이다. 어떻게 들어왔는지는 모르지만 몰래 들어왔다가 안에서 길을 잃고 헤매다 체력을 많이 소모한 듯했다.

"많이 약해져 있는데 괜찮을까?"

"잡았을 때는 몸을 꿈틀거리며 끙끙 소리를 냈어요."

"이 녀석 곧 굶어 죽을 것 같은데. 강당 안에 들어와 시간이 한참 지났으면 지금 굉장히 위험한 상태일 거야."

"그럼 먹이를 잡아 올게요."

"우리는 집을 만들게요."

아이들은 각자 할 일을 정하고 흩어졌다.

나는 예전에 쥐를 키웠던 수조를 꺼내 와 낙엽을 새로 깔고 마침 교무실에 있는, 번데기에서 막 빠져나와 어른벌레가 되기 시작한 누에 몇 마리를 가져와 집어넣었다.

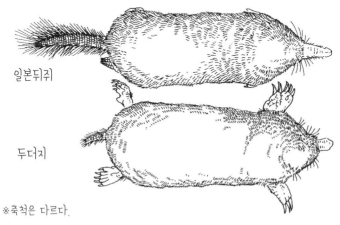

일본뒤쥐

두더지

※축척은 다르다.

위 모습

"지렁이를 잡아 왔어요."
아이들이 돌아와 씩씩하게 말했다.

되든 안 되든 마지막까지 최선을

수조 속에 지렁이를 넣고 일본뒤쥐를 옮겨 놓았다. 아이들의 말대
로 종이에 싸여 있던 일본뒤쥐는 축 늘어져 있다가 몸을 잡자 꿈틀 움
직였다. 하지만 수조 안에 집어넣자 다시 축 늘어지는 데다 손발은
움찔거리며 경련이 일기 시작했다. 지렁이는 거들떠보지도 않은 채.
"이 녀석 정말 안되겠는걸."
좀 더 지켜보기로 했다. 어쩌면 잡혔다는 충격 때문에 움직이지 못
하는 걸지도 모르니까.
'그사이 일을 하자.'
그리고 30분 정도 지나 일본뒤쥐를 보러 갔다. 상황은 더 나빠져
있었다. 더 이상 움직이지도 못했고 경련의 횟수도 잦아졌다. 수조에
서 꺼내 책상 위에 두어도 아무런 저항이 없었다.

일본뒤쥐 아래 모습

누군지 모르겠지만
내 책상에 두고 갔다.

다람쥐
앞발

일본다람쥐 사체
93. 5. 16

"어떡하지?"

어차피 살릴 수 없다면 밖에 내버려 두는 편이 낫다. 이 상태라면 분명 죽을 것이다.

'냉장고에 넣어 두었다가 신선한 표본으로 쓰자'라고 말하고 싶었지만 경련이 완전히 멎지 않은 일본뒤쥐를 보니 그렇게 할 수도 없었다. 죽이 되든 밥이 되든 마지막까지 최선을 다해 보기로 했다. 몸을 따뜻하게 해 주면 좀 도움이 될까 싶어 축 늘어져 있는 일본뒤쥐를 휴지로 싸 손에 움켜쥐었다.

생물은 몸의 크기에 따라 먹지 않고 버틸 수 있는 시간이 다르다. 일본뒤쥐는 사람과 같은 항온동물이기 때문에 체온을 항상 일정하게 유지해야 한다. 그런데 이렇게 몸집이 작은 동물들은 체온을 유지하기가 더 어렵다. 찻잔 속의 따뜻한 물과 욕조 속의 따뜻한 물을 비교하면 찻잔의 물이 빠르게 식는 것처럼 몸집이 작을수록 몸에 대한 표면적의 비율이 커 열이 빠져나가기 쉽기 때문이다. 그 열을 보충하기 위해서는 항상 먹이를 줘야 한다. 몸의 크기와 체온 사이에는 이러한 법칙이 있다.

일본뒤쥐 옆모습

지금 내 앞에 있는 일본뒤쥐는 이미 먹을 힘도 없었다. 아이들이 발견하기 전부터 먹지 못해 체온이 떨어졌고 움직일 수 없었다면 몸을 따뜻하게 해 주는 방법밖에 없다.

버둥거리며 날뛰기 시작하다

내 손은 따뜻한 편이다. 왼손에 일본뒤쥐를 쥐고 오른손으로 평가표를 쓰면서 한참을 있었다. 손만으로는 왠지 부족할 것 같아 이따금 입김도 불어 주었다. 다시 30분이 지났다. 기분 탓인지 경련의 간격이 좁아지는 듯했다. 아무튼 아직 죽지는 않았다. 이 방법이 틀리지 않았다는 기분이 들어 더욱 꽉 쥐고 다음 방법을 생각했다. 손안의 일본뒤쥐에게 물을 줘 보자. 입가에 물을 뿌려 주자 조금 전까지 반응이 없었던 일본뒤쥐가 입을 조금씩 뻐끔거렸다.

"좋아!"

일이 순조롭게 진행되었다. 자세히 보니 코끝에 먼지가 묻어 있었다. 역시 강당 여기저기를 헤매다가 체력을 소진한 것이다. 일본뒤쥐

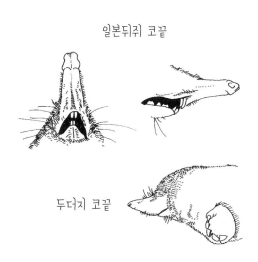

일본뒤쥐 코끝

두더지 코끝

는 두더지처럼 눈이 거의 퇴화하여 앞을 잘 보지 못해 눈 대신 코끝과 수염을 이용해 몸을 움직인다. 그런 코끝에 먼지가 잔뜩 붙어 있고 바싹 말라 있었다.

　이러면 안 되는데! 코끝에 물을 떨어뜨렸다. 버둥버둥. 축 늘어져 있던 일본뒤쥐가 손안에서 버둥거리기 시작했다. 성공이다! 다시 한 번 해 보자. 버둥버둥…….

　서둘러 사육 수조에 풀어 놓았더니 이번에는 수조 안을 돌아다닌다. 만세! 드디어 됐다.

　수조 속 일본뒤쥐는 기운을 차리는가 싶더니 바로 혓바닥으로 온몸을 핥기 시작했다. 축 늘어져 움직이지 못했던 것이 마치 거짓말 같았다. 지금까지 일본뒤쥐의 사체만 보다가 이렇게 살아 움직이는 것을 보니 전혀 다른 동물 같았다. 축 늘어져 있지 않으니 몸 전체가 부풀어 둥그렇게 되었다.

　'살아 있는 일본뒤쥐는 이렇게 둥글고 푹신푹신하구나.'

　얼굴 가까이 지렁이를 가져갔다.

　"먹어야 해."

살아 있을 때는 둥글게 부풀어 있다.

배설물

사육 중인 일본뒤쥐

93. 10. 17

이제는 먹이를 먹고 스스로 체온을 조절할 수 있어야 한다. 그렇지 않으면 살아날 수 없다. 조금 후 드디어 일본뒤쥐가 지렁이를 먹었다.

"살아났다!"

마침 일본뒤쥐를 보러 온 아이들이 그 모습을 보고 소리를 질렀다.

예상했던 대로 대식가

아이들은 또다시 지렁이를 잡으러 갔다. 오늘 밤 굶어 죽지 않을 만큼의 지렁이를 모아 두어야 한다. 일본뒤쥐는 또 지렁이를 먹었다. 하지만 지켜보면서 아무래도 불안했다. 지렁이가 가까이 있어도 못 느끼는 건지 반응이 없을 때가 있고 지렁이를 물고 잘게 찢어 먹는 모습이 그다지 좋아 보이지 않았다.

다음 날 아침, 불안해하며 학교로 갔는데 다행히도 일본뒤쥐는 무사히 살아 있었다.

나는 나보다 동물을 훨씬 잘 키우는 동료 선생 야스다에게 일본뒤쥐를 부탁했다. 전에 야스다와 일본뒤쥐를 한번 길러 보고 싶다는 대

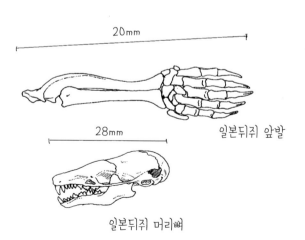

20mm

일본뒤쥐 앞발

28mm

일본뒤쥐 머리뼈

화를 나눈 적이 있었는데, 이런 귀중한 기회는 역시 그 분야에 뛰어난 사람에게 양보하는 것이 좋다고 판단했기 때문이다. 게으름뱅이인 나는 아마도 일본뒤쥐를 굶겨 죽일 것이다. 그날부터 야스다의 지렁이 잡기 인생이 시작되었다.

일본뒤쥐는 대식가였다. 야스다는 나와 마주칠 때마다 언제나 걱정스럽게 말했다.

"지렁이 잡으러 가야 돼."

매일매일 아무리 열심히 지렁이를 잡아 와도 그 자리에서 전부 먹어 치워 지렁이가 전혀 비축이 되지 않는다고 했다. 야스다에게 일본뒤쥐를 양보하길 잘했다는 생각이 들었다.

"낚시 재료를 파는 집에서 지렁이를 사는 건 어때?"

그래도 뭐라고 말을 해 줘야 할 것 같아 한마디 했다.

"거기서 파는 건 너무 비싸고 작아. 그리고 이상하게 그건 입에 대지도 않아."

기분 탓일까. 야스다는 힘이 없어 보였다. 작은 동물 먹이용 밀웜(딱정벌레 유충)을 사서 몇 번 줘 보았지만 그것도 너무 작아서 일본뒤

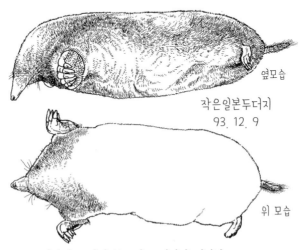

옆모습

작은일본두더지
93. 12. 9

위 모습

일본에는 여러 종류의 두더지가 있지만
이곳 한노에서는 작은일본두더지를 볼 수 있다.

쥐의 식욕을 따라가지 못한다고 했다. 시험 삼아 얇게 저민 고기도 쥐 보았는데 입에 대지도 않았다고 하니 역시 일본뒤쥐는 지렁이만 먹는 것 같았다.

학년 말이라 두 사람 모두 엄청나게 바빴고 그러다 야스다는 병이 나고 말았다.

일본뒤쥐에 대한 의문

병든 몸으로 이리 뛰고 저리 뛰던 야스다의 노력에도 불구하고 일본뒤쥐는 지렁이가 부족해 제대로 먹지 못하고 몸이 점점 약해져 결국 죽고 말았다. 오래 살지는 못했지만 그래도 살아 있는 일본뒤쥐를 볼 수 있는 좋은 기회였다. 그사이 여러 가지 의문점도 생겨났다.

"저렇게 둔하기 짝이 없는 일본뒤쥐가 어떻게 들판에서 지렁이를 잡아먹을 수 있을까?"

이것은 야스다와 내가 함께 떠올린 의문이었다.

"지렁이는 주로 어떤 곳에서 찾을 수 있고, 어떻게 생활할까?"

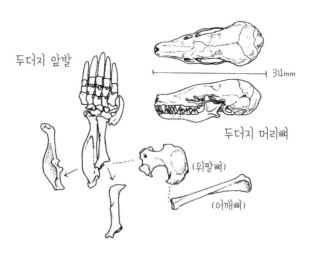

두더지 앞발

34mm

두더지 머리뼈

(위팔뼈)

(어깨뼈)

지렁이를 찾아다니느라 고생한 야스다는 지렁이의 생태에도 관심을 갖게 되었다. 우리가 일본뒤쥐를 키워 본 것은 그때가 처음일뿐더러 바깥에서 일본뒤쥐를 관찰해 본 적도 없었다. 그래도 우리에게 일본뒤쥐가 그다지 낯설지 않은 까닭은 아이들이 자주 일본뒤쥐의 사체를 주워 왔기 때문이다.

학교에는 아이들이 주워 온 고양이가 여러 마리 살고 있다. 고양이들이 나의 부하가 되어 학교 주변의 쥐와 두더지를 부지런히 물어 오는데 두더지나 일본뒤쥐는 잡아도 거의 먹지 않는다. 그 이유는 두더지와 일본뒤쥐 특유의 체취 때문이라고 한다.

아이들이 그것을 다시 주워서 나에게 가져오는 것이다(이렇게 상황을 정리하니 내가 고양이의 음식 찌꺼기를 처리해 주고 있는 것만 같다).

"선생님! 이거 어떻게 할까요? 먹을까요?"

또 한 마리 주워 온다. 일본뒤쥐의 사체를 들고 올 때마다 아이들이 내게 하는 질문이다. 하지만 어떻게 할지 물어 봤자 뚜렷하게 정해 두었을 리 없다. 일단 냉동고에 넣어 두고 어느 정도 모이면 학생들이 실습으로 박제를 만드는 데 쓰면 어떨까 생각하고 있을 뿐이다.

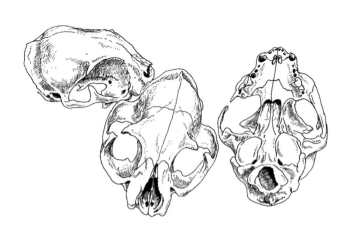

아이들이 주워 온 고양이 머리뼈

기록을 보니 학교가 생긴 이후부터 9년 동안 아이들이 주워 온 일본
뒤쥐의 사체는 24마리였다.

사체 24구의 수수께끼

물론 아이들이 주워 온 일본뒤쥐 사체 한 마리 한 마리에 대해 모
두 기억하고 있을 리 없지만 9년간의 24마리 일본뒤쥐 사체에 대한
기록을 분석해 보면 무언가 일정한 규칙이 있다.

우선 24마리가 죽은 시기를 계절별로 나눠 보면 봄에 12마리, 여름
에 6마리, 가을에 5마리, 겨울에 1마리로 봄에 가장 많이 죽은 것을
알 수 있다. 월별로 보면 4월에 7마리가 죽어 전체의 약 30퍼센트를
차지했고 이어서 5월과 11월이 4마리씩, 6월과 7월이 3마리씩이었다.
여기에는 어떤 의미가 있을까? 이 수치로 대강의 경향만을 짐작해 볼
수 있다.

다른 면에서 이 문제를 바라보면 이 수치에 담긴 의미를 좀 더 정
확히 파악할 수 있을지도 모른다. 아이들이 일본뒤쥐만큼 많은 사체

교통사고로 죽은
너구리
91. 11. 20

를 가져오는 동물이 있는데 그것은 바로 너구리이다. 물론 너구리는 고양이에게 물려 죽은 것은 아니다. 너구리는 교통사고로 가장 많이 죽는다. 9년 동안 교통사고로 죽은 너구리는 학교 주변에서만 38마리였다.

그런데 그 수치를 잘 살펴보면 가을에 20마리, 겨울에 10마리, 여름과 봄에 4마리씩 죽었다. 일본뒤쥐는 주로 봄에 죽지만 너구리는 대부분 가을에 죽는 것이다. 도쿄의 데이터를 보아도 전체 너구리 교통사고 312건 가운데 158건이 9, 10, 11월에 발생했다.

너구리가 교통사고를 당하는 건수가 계절에 따라 왜 이처럼 달라지는 것일까? 그 이유는 너구리의 생활 패턴 때문이다. 가을은 어린 너구리들이 부모 곁을 떠나 독립하는 시기이다. 따라서 아직 혼자서 돌아다니는 일에 익숙하지 않은 너구리들이 살 곳을 찾아 바쁘게 움직이다 사고를 당하는 것으로 추측하고 있다. 그러면 일본뒤쥐가 주로 봄에 죽는 것도 같은 이유일까? 그렇다면 일본뒤쥐의 번식기는 언제일까?

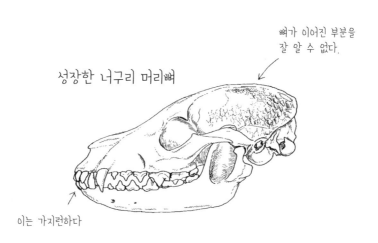

성장한 너구리 머리뼈

뼈가 이어진 부분을 잘 알 수 없다.

이는 가지런하다

사체 줍기로 알 수 있는 것

일본뒤쥐의 번식기는 1년에 한 번으로 3~4월이다. 그러면 일본뒤쥐 역시 너구리의 경우와 마찬가지로 막 태어난 어린 새끼들이 잘 죽는다는 얘기가 된다. 주운 사체만으로 이런 결론을 내린 것은 아니다. 사체의 골격을 자세히 관찰한 결과 봄에 발견되는 일본뒤쥐가 실제로 어리다는 것이 증명되었다.

일본뒤쥐 역시 너구리와 마찬가지로 계절에 따른 동물의 사망률이 그 동물의 번식 패턴을 간접적으로 보여 준다. 동물의 사체를 줍는다고 해서 모든 것을 알 수는 없지만 이처럼 새로이 알게 되는 것도 상당히 많다.

그런데 족제비의 경우 사체를 주워 본 결과 총 10건 가운데 7건이 겨울에 몰려 있었다. 족제비는 겨울에 죽는다? 그런데 책을 뒤져 보면 족제비가 새끼와 떨어지는 계절은 너구리와 같은 가을이다. 그렇다면 너구리와 마찬가지로 가을에 많이 죽어야 하는데 어떻게 된 일일까? 족제비가 겨울에 많이 죽는 데는 뭔가 다른 이유가 있는 것일까?

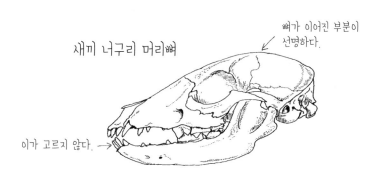

새끼 너구리 머리뼈

뼈가 이어진 부분이 선명하다.

이가 고르지 않다.

이 의문을 풀기에는 주워 온 사체가 부족하다. 단 10건뿐이라면 우연의 요소가 너무 많아 뭐라 단정 지을 수 없기 때문이다. 사체를 가지고 이유를 파악하려면 주워 오는 사체의 수가 많아야 자료로 이용할 수 있다. 족제비에 관해서는 앞으로 10년 정도 더 지나야 분명하게 말할 수 있을 것이다.

일본뒤쥐와 같은 종류인 두더지, 제주땃쥐의 경우도 사체 수는 각각 10건과 6건뿐이었다. 아직은 더 많은 사체를 모아 봐야 알 수 있을 것이다. 이럴 땐 서두르지 말고 느긋하게 기다려야 한다.

땅속 깊이 파고들려면

그렇다고 10년 동안 아무것도 하지 않고 사체가 모이기를 마냥 기다리고만 있을 수는 없다. 지금까지 모은 사체에서 다른 것을 살펴보자.

우선 일본뒤쥐의 생김새를 살펴봐야겠다. 일본뒤쥐를 주워 오는 아이들은 대부분 사체를 가져오면서 이렇게 말한다.

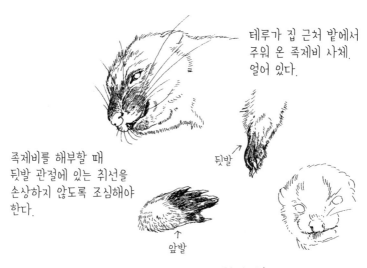

테루가 집 근처 밭에서 주워 온 족제비 사체. 얼어 있다.

뒷발

족제비를 해부할 때 뒷발 관절에 있는 취선을 손상하지 않도록 조심해야 한다.

앞발

91. 1. 24

"선생님, 두더지 주웠어요."

분명 일본뒤쥐는 두더지의 일종이지만 두더지와 일본뒤쥐를 나란히 놓고 비교해 보면 그 차이는 뚜렷하다. 두더지의 앞발은 삽 모양이고 몸 바깥쪽을 향하여 붙어 있다. 땅속에서 굴을 파는 데는 이런 생김새가 단연 유리하다.

한편 일본뒤쥐 역시 눈이 퇴화하고 있고 발톱은 길지만 앞발은 두더지보다 훨씬 가늘고 약하다. 땅속에서 굴을 파기에는 두더지만 한 몸의 구조가 없을 것이며 자연히 일본뒤쥐는 두더지만큼 굴을 팔 수 없을 것으로 추측할 수 있다.

두더지보다 일본뒤쥐의 사체를 더 많이 주울 수 있는 것은 이러한 이유 때문일 것이다. 일본뒤쥐가 두더지보다 개체수가 많을 수도 있지만 고양이는 땅속 깊이 굴을 파는 두더지보다 지표 가까이에 사는 일본뒤쥐를 더 쉽게 잡을 수 있다.

"그러면 고양이는 두더지를 어떻게 잡지?"

"두더지도 가끔 땅 위로 나오잖아?"

땅속에 사는 두더지도 때로 땅 위로 나올 때가 있다.

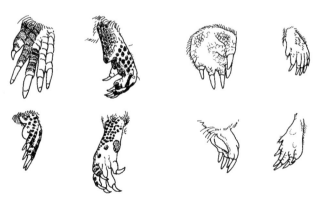

일본뒤쥐 앞발   일본뒤쥐 뒷발   두더지 앞발   두더지 뒷발

"오늘 길을 건너다 두더지를 봤어요. 하필 그때 버스가 달려오잖아요. 손을 흔들어 버스를 세웠어요. 두더지는 죽을힘을 다해 길을 건너 땅속으로 파고들어 갔어요. 두더지 도로 횡단 사건을 목격하고. - 유키."

이런 편지가 어느 날 교무실의 내 책상 위에 놓여 있던 적이 있다. 고양이는 언제나 느릿느릿 움직이지만 일단 기회가 오면 절대 놓치지 않는다.

살기를 없애면 나타난다

숲속에서 반나절 꼬박 앉아서 그림을 그리고 있는데 문득 눈앞을 새끼 토끼가 슬슬 지나가서 깜짝 놀란 적이 있다. 그리고 그때 바로 옆에서 두 번 정도 땅이 꿈틀거렸다. 지금 생각하면 그건 일본뒤쥐였던 것 같다. 그림을 그리는 데 집중하는 동안 나도 모르게 '살기'가 사라져서 내 옆까지 다가왔던 것이다.

평소에는 숲속을 아무리 누벼도 이런 기회가 좀처럼 찾아오지 않

야외수업
들판에서 두더지를 기다린다.
결국 이날 두더지는 나타나지 않고
굴의 석고형을 뜨는 데 그쳤다.
93. 7. 8

빨대에 방울을 매달아
두더지 굴에 꽂아 둔다.

안나

는다. 동물을 보려면 아무래도 잠복하고 있는 것이 가장 좋다. 고양이가 평소 느릿느릿 움직이는 것도 잠복형 동물이라서가 아닐까.

학교 주변에는 두더지나 일본뒤쥐 외에도 제주땃쥐, 일본갯첨서 같은 식충목이 살고 있다(쥐는 다람쥐나 날다람쥐와 같은 설치목이다).

제주땃쥐의 몸은 일본뒤쥐보다 가냘프고 눈은 퇴화하고 있다. 하지만 귀도 꼬리도 크고, 이름처럼 쥐와 비슷하게 생겼다.

포유류의 공통 조상은 제주땃쥐와 비슷한 모습이었다. 그러던 것이 땅속에서 생활하면서 일본뒤쥐의 모습에서 두더지의 모습으로 몸의 생김새가 특수하게 진화한 것이다. 일반 쥐나 원숭이 등 다른 포유류도 모두 이 제주땃쥐의 모습에서 진화하여 다양한 모습을 갖추게 된 것이다. 위대하신 조상님들의 모습을 간직하고 있는 제주땃쥐이지만 늘 사체만 보고 살아 있는 모습을 본 적이 없다.

일본갯첨서는 사체도 본 적이 없다. 이 녀석은 강가에 살고 물속에서 고기를 잡는 데 적합한 몸을 가진 식충목이다. 그 대단한 고양이도 물속에서는 일본갯첨서를 잡지 못한다. 당연히 우리도 사체를 줍는 혜택을 받지 못했다. 그럼에도 학교 근처에 일본갯첨서가 살고 있

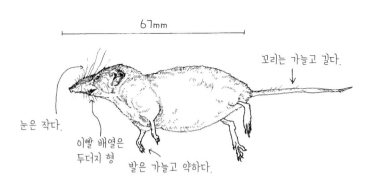

67mm

꼬리는 가늘고 길다.

눈은 작다.

이빨 배열은
두더지 형

발은 가늘고 약하다.

제주땃쥐 - 쥐가 아니라 두더지의 일종

다는 것을 알게 된 것은 아이들이 일본갯첨서를 목격했기 때문이다.

"처음에는 뭔가 했어요. 두더지 일종이에요?"

한 아이가 강가에서 멍하니 있다가 일본갯첨서를 보았다며 이렇게 말했다. 아, 아깝다. 강가에 가 보았지만 내게는 멍하니 기다리는 게 쉬운 일이 아니다. 30분 만에 피로감이 밀려들었다.

결국 나는 아직껏 일본갯첨서를 한 번도 보지 못했지만 9년 동안 일본갯첨서를 목격했다는 아이들의 목격담은 4건이었다. 일본갯첨서를 보고도 일본갯첨서인지 몰랐던 아이들도 아마 있었을 것이다. 동물을 관찰하는 데 무엇보다 효과적인 방법인 '고양이 되기'를 아이들은 나보다 훨씬 쉽게 체득한다.

여기저기 붙어 있는 진드기와 벼룩

다시 두더지 사체 이야기로 돌아가겠다. 두더지 사체는 털이 벨벳처럼 부드럽다. 이 감촉은 아이들도 매우 좋아한다. 두더지 사체를 관찰할 때 그 부드러운 털을 살펴보는 것도 의미가 있을 것이다.

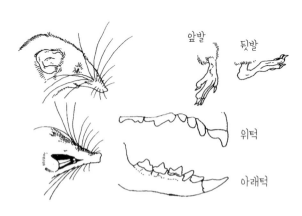

앞발 뒷발

위턱

아래턱

제주땃쥐

이런 털은 흙이 잘 달라붙지도 않고 굴 속에서 움직일 때 거치적거릴 리도 없다. 두더지를 키워 본 적이 없어 못 봤지만 아이들이 가지고 왔던 일본뒤쥐는 털을 자주 핥았다. 아마 두더지도 그럴 것이다. 털이 더러워지면 그만큼 체온을 잃기 쉽고 앞에서 말했듯이 몸집이 작은 동물은 체온이 잘 떨어지기 때문에 털을 핥는 것은 멋을 부리기 위해서나 별난 성격 때문이 아니다.

이렇게 사체의 겉모습만 관찰하여도 많은 정보를 얻을 수 있어 전혀 지루하지 않다. 특히 두더지는 손에 들고 자세히 살펴볼 수 있어 좋다.

일본갯첨서의 사체도 빨리 보고 싶다는 생각이 든다. 수중 생활에 적응하면서 몸이 어떻게 변했을까? 일본의 한 박물학자는 곰팡이의 일종인 점균을 관찰하던 중에 민달팽이가 자꾸 점균을 잡아먹어 급기야는 고양이에게 민달팽이를 잡아먹도록 훈련시켰다고 한다. 나도 일본갯첨서를 잡도록 고양이를 훈련시켜 볼까.

두더지는 사체를 손에 쥐고 관찰하지만 너구리라면 이야기가 달라진다. 손으로 잡기에 너무 크기 때문이 아니라 잡고 싶지가 않다. 너

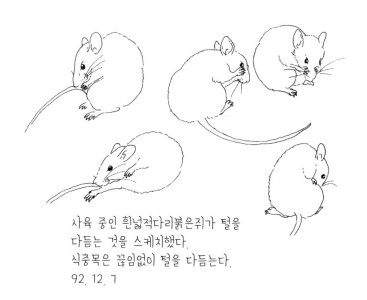

사육 중인 흰넓적다리붉은쥐가 털을
다듬는 것을 스케치했다.
식충목은 끊임없이 털을 다듬는다.
92. 12. 7

구리의 몸에는 진드기와 벼룩이 잔뜩 붙어 있기 때문이다. 쥐도 마찬가지이다. 사고로 죽은 산토끼의 귀에도 커다란 진드기가 잔뜩 붙어 있고 여우도 그렇다. 흰코사향고양이에게는 털이 붙어 있다.

그런데 유독 두더지만은 진드기나 벼룩이 붙어 있는 것을 본 기억이 없다. 두더지나 일본뒤쥐의 털에 진드기나 벼룩이 전혀 없는 것은 아니지만 눈에 거슬릴 정도로 붙어 있지 않다는 건 분명하다.

철학자 사쿠마의 말

진드기가 가장 많은 것은 너구리의 사체다. 체온이 내려감에 따라 진드기들은 털끝으로 기어 올라온다.

"지금 체온이 떨어지고 있는데."

"비닐봉지에 따뜻한 물을 넣고 매달아 두면 진드기가 옮겨 붙을까요?"

"가위바위보해서 진 사람이 손으로 찔러 보자."

"난 싫어요!"

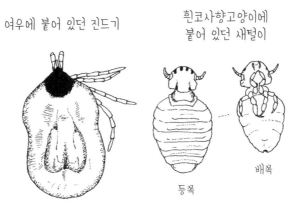

여우에 붙어 있던 진드기   흰코사향고양이에
                      붙어 있던 새털이

등쪽   배쪽

너구리 사체가 들어 있는 봉투를 들여다보면서 히라마쓰와 이런 바보 같은 대화를 나눈 기억도 있다. 너구리를 해부하기 위해서는 봉투에서 꺼내 가죽을 벗겨야 한다.

"기숙사에 가져가면 싫어하겠지?"

해부를 지원한 학생들도 진드기를 보고 모두 까무러쳤다. 아무 생각 없이 집으로 너구리 사체를 들고 간 적이 몇 번 있었는데 아내가 방 여기저기에 붙어 있는 진드기를 보고 몹시 화를 내곤 했다(깜빡 잊고 말을 안 했는데 9년 사이 어느 틈에 아내가 생겼다).

그러나 진드기도 자꾸 보면 나름대로 애틋한 마음이 생긴다. 너구리가 사고를 당하는 바람에 길바닥에 나앉게 된 것이 아닌가. 그런 생각을 하면 진드기가 불쌍해진다.

"진드기에게는 너구리가 우주라고 할 수 있어."

언제나 철학자 같은 말을 늘어놓는 사쿠마의 그 말에 나는 수긍이 갔다.

진드기 중에는 자기가 살고 있는(숙주) 너구리를 병들게 하고 약하게 만들어 간접적으로 너구리를 죽이는 것도 있다. 스스로 자신의 목

진드기 퇴치에는 따뜻한 물에 담그거나 냉동하는 것이 가장 효과적이다. 여러 이유로 주로 냉동을 하지만 냉동하면 해동이 큰일이다. 따뜻한 물에 담가 둔 너구리 그림.

해부를 할 때는 큰 냄비가 필수품

을 조르는 셈이다. 왠지 우리가 살고 있는 지구가 연상된다. 이런 피해를 입히는 범인은 옴벌레로, 원래는 개나 고양이에 붙어 사는 진드기였다. 최근에 너구리가 마을로 내려오는 일이 종종 생기자 옴벌레가 거주지를 너구리로 옮기면서 생긴 비극이다. 학교 주변에서는 아직 보지 못했지만 너구리가 옴벌레 때문에 죽어 가는 경우는 점점 늘어나고 있다. 그러나 우리는 사체에 붙어 있는 진드기 하나도 주의 깊게 관찰해야 한다.

"그래도 진드기는 싫어."

그건 그렇다. 나도 볼을 비벼 댈 정도로 좋아하는 것은 아니다.

자기들만의 벼룩이 있다

진드기와 달리 벼룩에게는 그래도 애정이 간다. 나에게 피해가 미치지 않기 때문에 할 수 있는 말일지도 모르겠다.

"학교에 벼룩이 생겨서 못 참겠어요. 더군다나 벼룩에게 피해를 입는 건 일본인뿐이에요. 벼룩에 관한 책을 좀 보내 주세요. 여기서는

1989. 2. 16

사체와 달리 살아 있는 너구리는 거의 보지 못했다.
그림은 야스다의 자동카메라에 찍힌 너구리를 다시 그린 것이다.

기생충을 모으다

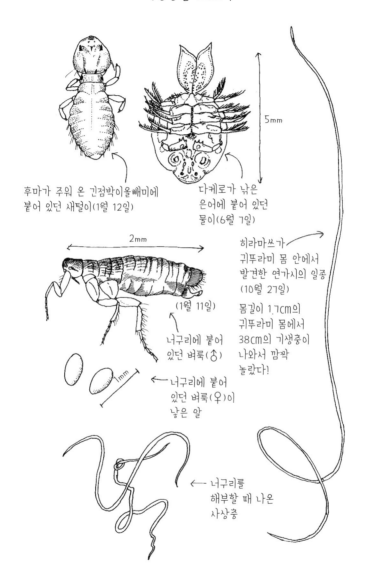

후마가 주워 온 긴점박이올빼미에
붙어 있던 새털이(1월 12일)

다케로가 낚은
은어에 붙어 있던
물이(6월 7일)

5mm

2mm

(1월 11일)

너구리에 붙어
있던 벼룩(含)

1mm

← 너구리에 붙어
있던 벼룩(우)이
낳은 알

히라마쓰가
귀뚜라미 몸 안에서
발견한 연가시의 일종
(10월 27일)

몸길이 1.7cm의
귀뚜라미 몸에서
38cm의 기생충이
나와서 깜짝
놀랐다!

← 너구리를
해부할 때 나온
사상충

구할 수가 없어서요."

플로리다 대학에 다니는 유코가 편지를 보내왔다. 나는 자료들을 구해 보내며 답장을 함께 넣었다.

"난 사람에게 붙어사는 벼룩을 아직 본 적이 없는데, 벼룩을 좀 잡아서 보내 주겠니? 살아 있는 것 말고."

나의 요구는 완전히 묵살되었다(대신 개에게 물린 장수풍뎅이 사체를 보내왔는데 그것대로 아주 마음에 든다).

벼룩을 보내 달라고 부탁한 데는 이유가 있었다. 사람에게는 사람벼룩이라는 종의 벼룩만 붙는다. 고양이에게는 괭이벼룩, 쥐에게는 쥐벼룩, 이처럼 벼룩은 어떤 동물에 붙는가에 따라 이름과 특징이 달라진다.

아이들이 길에서 주워 온 너구리 사체를 관찰해 보면 너구리에 기생하는 벼룩은 세 종류이다. 벼룩에 대한 제대로 된 자료가 없어 원래 너구리에 붙어사는 게 어느 것인지 정확히는 모르겠지만 어쨌든 너구리에 여러 종류의 벼룩이 붙어 있다는 건 흥미로운 일이다. 원래 다른 동물에 붙어사는 벼룩이 너구리에게서 발견되었다면 그 동물과

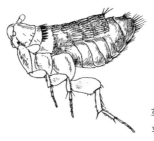

흰넓적다리붉은쥐에
붙어 있던 벼룩

너구리 사이에 어떤 상관관계가 있다고 추정할 수 있기 때문이다.

예를 들면 오소리에게는 오소리벼룩이 붙어산다. 그런데 오래전부터 오소리는 너구리로 오해받는 일이 많았다. 오소리는 족제비과로 개과인 너구리와는 많이 다르다. 오소리는 발톱이 길어 땅속에 굴을 파 둥지를 만들지만 너구리에게는 그런 능력이 없다. 하지만 너구리가 오소리의 둥지에 들어간다는 이야기를 들은 적이 있다. 왜 너구리에게 다양한 종류의 벼룩이 붙어 있는지 짐작이 간다.

하지만 이런한 것을 증명하기 위해서는 먼저 여러 동물에 붙어사는 벼룩의 표본이 필요하다. 그래서 미국의 벼룩을 보내 달라고 부탁한 것이었는데, 안타깝게도 나는 아직 연구에 쓸 만큼의 벼룩을 모으지 못했다.

벼룩에 대한 책에 따르면 여우에 붙어 있는 벼룩 중에 사람벼룩과 토끼벼룩이 있다는 기록이 있다고 한다. 역시 관심 있는 사람은 나름대로 조사를 하고 있었다. 또 다른 책에는 두더지벼룩이라는 것도 실려 있었다. 지금까지는 두더지를 만질 때 진드기도 벼룩도 염두에 두지 않았는데 다시 생각해 봐야겠다. 벼룩이나 진드기 모두 흥미롭긴

너구리에 붙어 있던 벼룩

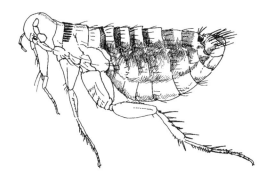

하지만 그래도 표본을 위한 몇 마리를 제외하고 나머지는 모두 알아서 사라져 줬으면 싶은 게 솔직한 심정이다.

우리는 뜨거운 물을 뿌려 사체에 붙어 있는 진드기와 벼룩을 퇴치하였다. 사체를 주워 바로 해부할 수 없을 때는 냉동해 두는데 이것도 진드기와 벼룩에 시달리지 않는 좋은 방법이다(단 해부할 때 해동시키는 게 문제다).

너구리를 해부하다

"어떻게 하지요?"

가노코는 난생 처음으로 너구리 해부를 한다.

"여기를 잡고……. 여기서부터 가위로 찔러. 아, 내장을 건드리지 않도록 조심하고……."

두더지처럼 작은 동물을 해부하는 것은 나처럼 꼼꼼하지 못한 사람에게는 맞지 않는다. 그런 점에서 보면 너구리는 과감하게 잘라도 되기 때문에 편하다. '진드기의 우주'인 가죽을 벗겨 내고 드디어 체

날다람쥐에 붙어 있던 벼룩

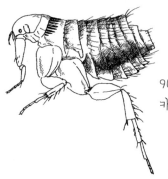

90. 1. 25
카사히가 잡은 것.

내를 탐험한다.

아이들은 처음에는 흠칫거리며 무서워하지만 너구리의 팔다리를 벌리고 배 아랫부분부터 가위로 찔러 가슴 위까지 가죽을 자르는 과정들을 직접 경험하다 보면 어느새 익숙해진다. 원래 해부는 할 때보다 하기 전이 더 기분 나쁜 법이다. 일단 시작하면 대담해진다.

나는 해부가 서툰 편이다. 이번 해부는 가노코, 미즈에, 마도카, 사치코 등 여자아이들만 희망해 왔다. 굳이 말하자면 해부는 여자아이들이 더 잘한다.

"와, 찔러 봐도 돼요?"

얼마 전 돼지 신장을 손톱으로 찔러 나를 아연실색하게 만든 것도 여자아이였다.

옷을 벗기는 것 같아

배 가운데를 세로로 자르고 앞다리, 뒷다리가 붙어 있는 곳에서 가로로 자른다. 이제 내장을 볼 차례. 보통 이때 가죽을 전부 벗겨 버리

너구리 가죽 벗기기

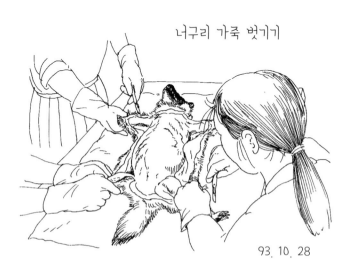

93. 10. 28

는데 여기서부터는 시간이 꽤 걸린다.

"옷을 벗기는 것 같아."

"맞아."

얼마 전 유이치와 미치루가 해부대 옆에서 이렇게 이야기하는 것을 들은 적이 있는데 가죽 벗기는 것은 그렇게 간단하지 않다. 코끝이나 발끝은 특히 벗기기 어려운 부분이다. 수업 중에 해부를 모두 끝내야 하므로 이번에는 하지 않기로 했다.

"이 하얀 게 지방이에요?"

"꽤 많은데."

너구리는 가을이 되면 지방층이 두꺼워진다.

"선생님, 지방은 기름이잖아요. 그런데 왜 살 속에 기름이 들어 있어요?"

아이들의 질문에 순간 당황한다. 지방이란 것은 도대체 무엇일까?

잘 살펴보면 지방은 몸 안에 기름 그대로 들어 있는 것이 아니라 하얗고 끈적끈적한 상태로 몸속에 들어 있다. 현미경으로 관찰하면 기름을 둘러싸고 있는 지방세포가 모여 있는 것을 볼 수 있다.

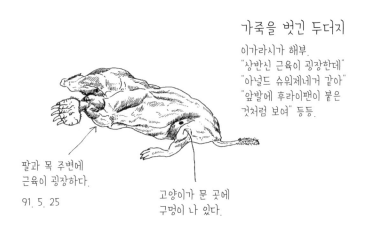

가죽을 벗긴 두더지

이가라시가 해부.
"상반신 근육이 굉장한데"
"아널드 슈워제네거 같아"
"앞발에 후라이팬이 붙은
것처럼 보여" 등등.

팔과 목 주변에
근육이 굉장하다.

91. 5. 25

고양이가 문 곳에
구멍이 나 있다.

복막을 자르면 내장이 나온다.

"이거 뭐야?"

뒷다리 관절 쪽에 있는 주머니를 가리키며 누군가가 묻는다. 냉동시켰던 것이 다 녹지 않아 주머니 안에서 덜 녹은 액체가 덜그럭덜그럭 소리를 내고 있다.

"방광이야."

"녹이지 않는 게 좋겠다……."

다음은 장을 관찰한다.

"우와, 비엔나소시지 같다."

"그런 말 하지 마. 비엔나소시지를 먹기 싫어진단 말이야."

창자간막이 장을 받치고 있는데 자르면 장을 길게 늘어뜨릴 수 있다. 해부를 처음 해 보는 아이들이 어느새 내장에 손을 집어넣고 있다.

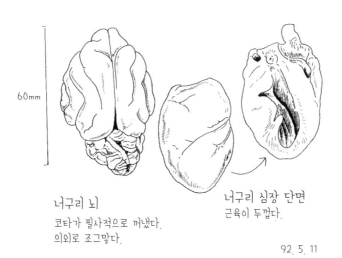

60mm

너구리 뇌
코타가 필사적으로 꺼냈다.
의외로 조그맣다.

너구리 심장 단면
근육이 두껍다.

92. 5. 11

여학생 해부단의 비명

장을 따라 쭉 거슬러 올라가면 위와 만나게 된다. 위의 입구에서 식도를 잘라 내고 장 끝에서 항문을 잘라 낸 후 마지막으로 창자간막을 잘라 내면 소화기관이 한 줄로 길게 늘어진다.

"양손으로 잡고 책상 위에 올라가 길게 늘어뜨려 봐."

"우와, 굉장하다!"

책상 위에 서서 두 팔을 쫙 펴고 아래로 늘어뜨린 장은 거뜬히 책상에 닿는다.

"사진으로 찍어 두자."

"이런 광경은 평생 찍기 힘들 거야."

"졸업 발표회 때 전시할까?"

해부는 어디까지나 기분 좋게 해야 한다.

"자, 위 속을 볼까?"

나는 부리나케 위 속에 든 내용물들을 조사하기 시작했다. 여러 번 해부를 해 본 나는 해부 그 자체보다는 위 속에 무엇이 들었는지가 더

너구리 장을 늘어뜨리고 포즈를 취하다.

여학생 해부단

가노코

미즈에 나미호

히로코

료코

궁금하다. 너구리의 몸은 아이들에게 맡기고 나는 옆 책상에서 얼어 있는 위 속 내용물을 헤쳐 본다.

위 속에 무엇이 들어 있는지 살펴보는 것은 즐겁다. 이런 말을 하면 사람들은 나를 이상하게 볼 테지만.

너구리가 숲에서 먹이를 먹는 모습을 보기란 쉽지 않다. 위 속에 들어 있는 것은 너구리들이 무엇을 먹고 사는지를 식단처럼 보여 주는 것이다. 며칠 전 미노루가 해부한 너구리의 위에서는 지렁이 3마리, 지네 3마리, 감 씨, 그리고 정체를 알 수 없는 검은 나무 열매가 나왔다. 가을에 너구리가 가장 많이 먹는 먹이는 감 씨이다.

너구리 위 속에 사람들이 먹는 밥이 들어 있는 경우도 많다. 밥이 들어 있는 너구리를 해부하는 것도 귀중한 자료가 되지만 관찰하는 사람 입장에서는 아무래도 실망스러운 음식이다. 오늘은 무엇이 들어 있을까?

노란색 껍질, 독특한 냄새, 딱딱한 씨……. 은행이다! 게다가 은행 특유의 고약한 냄새가 나는 껍질까지 먹어 치운 것 같다. 그것도 열 개나!

지렁이×3

감 씨　　검은 열매　　고무밴드　　지네×3

너구리 위 내용물
교통사고로 죽었다 -93. 10. 27

"우와, 은행투성이다!"

내 말에 여학생 해부단의 시선이 일제히 나에게로 향한다.

"굉장하다, 굉장해! 와, 은행 너구리네!"

내가 이렇게 기뻐하는 데는 이유가 있다.

위 속에서 나온 은행

은행 껍질은 냄새가 지독하다. 지독할 뿐 아니라 사람에 따라서는 만지면 염증이 생기기도 한다. 그런 껍질 속에 우리가 먹는 딱딱한 은행이 들어 있다. 식물의 익은 열매가 빨간색이나 노란색이고 맛이 달콤한 이유는 새와 동물들이 열매를 먹어 그 속의 씨를 여기저기 뿌리게 하기 위해서이다. 은행 열매도 수분이 많고 눈에 잘 띄는 노란색 껍질로 싸여 있다. 그런데 은행 껍질은 냄새가 지독한 데다 유독 성분까지 있다. 눈에 띄면서 먹음직스럽지 않다는 것은 모순이다.

전에 산에 갔다가 너구리의 배설물 더미 속에서 은행을 발견하고 은행에 대한 의문이 조금 풀렸다. 역시 이 지독한 열매를 먹는 놈도

안나

벌벌 떨면서 너구리 위 속
내용물을 파헤친다.

냄새나는 은행의 껍질이
나와 깜짝 놀랐다.

있구나. 그러나 단 한 번의 사례로는 결론을 내릴 수 없었다. 맛에 둔감한 너구리가 우연히 먹었을지도 모르는 일이니까. 그리고 2년 후 같은 장소에서 은행이 잔뜩 들어 있는 너구리 배설물을 또 찾아냈다. 은행을 먹는 너구리는 또 있었던 것이다. 그렇지만 같은 곳에서 발견되었다는 것이 좀 걸렸다.

"너구리는 은행을 껍질째로 먹는다."

그렇게 일반화하기에는 아직 부족했다. 그런데 이번에 해부한 너구리는 전과는 다른 곳에서 찾은 것인 데다 같은 경우가 세 번이라는 것은 때로 전부라고 볼 수도 있다.

어쨌든 너구리는 닥치는 대로 먹어 대는 녀석인 것 같다. 아이들과 이야기를 나눠 보았다.

"이 녀석 은행을 너무 많이 먹어 흐느적대다가 뻗어 버린 게 아닐까요?"

"은행에 중독됐을지도 몰라요."

"그보다 배가 너무 불러 배설하는 동안 숨이 끊어진 게 아닐까. 장 속도 꽉 차 있었잖아요."

위 속 내용물뿐 아니라
너구리 배설물로도 식성을
엿볼 수 있다.
이 배설물엔 감 씨가
많이 들어 있다.

90. 12. 22

kanase.

이런 이야기를 주고받고 있는데 갑자기 소란스러워졌다.

"대단해. 맨손으로 하고 있잖아!"

여학생 해부단에 중간에 합류한 유일한 남자 아라키가 장을 훑어서 속에 든 것들을 짜내고 있었던 것이다.

그것도 맨손으로!

사소하면서도 새로운 발견

해부를 오래 해 본 나도 너구리의 장을 훑는 경험은 없지만, 장을 훑는 학생은 여러 번 보았다. 이번 해부는 아라키의 과감한 도전 덕에 장 속에 있는 귀중한 정보들도 얻을 수 있었다. 장 속에서 은행이 무려 13개나 나왔다. 이 너구리는 은행을 어지간히도 좋아했던 것 같다. 나는 정신없이 은행을 쳐다보고, 나를 대신하여 안나가 나머지 위 속 내용물을 살펴보다가 갑자기 소리를 질렀다.

"조개가 들어 있어요!"

"어, 그래?"

너구리 장을 훑는 남자!
굉장한 분위기가 있다.
장 속에도 역시 은행이
가득 있다.

93. 11. 11

은행을 보느라 정신이 없었는데 역시 은행만 먹는 것은 아니었나
보다. 조개라고? 그러면 사람들의 밥에서 나온 건가? 다시 쿡쿡 찔러
보니 그것은 모시조개도 대합도 아닌 달팽이 껍데기였다.

"달팽이도 먹나 봐."

아이들은 다시 크게 소리를 질렀다. 그러는 동안에도 안나는 열심
히 위 속을 살펴 유지매미의 날개와 주인을 알 수 없는 곤충의 다리
를 꺼냈다. 달팽이, 유지매미. 그것은 지금까지 우리가 해부했던 너
구리의 식단에는 없던 것이다.

"또 해부해요? 지난번에 한 번 했잖아요."

때때로 이렇게 질문하는 아이들이 있다. 나도 무척 게으른 편이라
한 번만 하고 말았으면 좋겠다. 하지만 해부를 할 때마다 사소하지만
새로운 발견을 하게 된다. 이 대단치 않은 정보들이 하나하나 쌓여
나중에는 너구리의 생활 패턴을 정확하게 알 수 있게 된다.

이제 소화기관을 관찰하는 것은 대충 끝났다. 해부단은 지금 갈비
뼈 일부를 잘라내고 폐와 심장을 꺼내고 있다. 종이 울리고 해부는
끝이 난다.

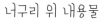

너구리 위 내용물

은행

곤충의 배

유지매미의
뒷날개

달팽이 (×2)

교통사고로 죽은 너구리.
스가누마의 부모님이 가져다주셨다.
93. 10. 5

다음 날, 이번 해부에 참가했던 가요코와 이야기를 나누었더니 직접 너구리를 해부했다는 이야기를 듣고 엄마가 엄청나게 놀라셨다고 한다. 어찌 됐든 이번 해부는 아주 유익했다.

"이제 정리하자."

학교 정원 한쪽 구석에 땅을 파고 너구리를 묻기로 하였다. 그런데 사치코가 너구리 옆에서 떠나지 않았다.

아버지와 함께 골격 표본을 만든 사치코

"골격 표본을 만들고 싶어요."

사치코가 말했다. 내장을 꺼내고 가죽을 벗긴 너구리를 물에 푹 끓여 골격 표본을 만들고 싶다는 것이다. 모든 것을 사치코에게 맡기기로 했다.

골격 표본을 만드는 방법에는 곤충에게 먹게 하거나 땅에 묻거나 소화 효소를 사용하는 등 여러 가지가 있지만 우리는 손쉽게 할 수 있는, 물에 넣고 끓이는 방법을 많이 이용한다. 아무튼 며칠 동안 푹 끓

해부클럽? 풍경

여 살이 부드러워지면 뼈만 꺼내는 지극히 간단한 방법이다.

며칠 후 공개수업 행사 때 사치코의 아버지가 학교로 찾아왔다.

"우리 딸이 너구리 골격 표본 만드는 걸 보려고요."

사치코의 아버지는 싱글벙글 웃으며 너구리를 끓이고 있는 과학실로 들어왔다.

"아버지와 골격 표본을 만들다니. 재미있는걸!"

"이상하게 보여요?"

"아니, 부러운걸."

그 일을 계기로 학생들뿐 아니라 학부모까지도 해부에 관심을 갖게 되었다. 그러고 보니 최근 들어서는 학부모들이 가끔 너구리 사체를 들고 오는 일도 있다.

그러나 처음부터 이런 분위기는 아니었다. 처음에는 사체를 들고 와도 나와 야스다 둘이서 모두 처리해야 했다. 수업이 끝나도 회의나 면담 등의 업무로 그렇게 한가하지 않았기 때문에 어쩌다 주워 온 사체도 머리뼈를 발라내거나 위 속을 관찰하는 데 그치고 냉동고 속에 넣어 말 그대로 사장시키거나 주워 오자마자 바로 땅속에 묻어 버리

골격 표본을 만들다…

가능한 한 살을 떼고
잘 익힌다.

미노루

칫솔, 핀셋,
맨손으로 살을 뗀다.

곤 했다. 1년째 냉동고에 방치해 둔 너구리 사체가 있을 정도였다. 사체 때문에 사람들이 모일 기회 같은 것은 전혀 없었다.

그런데 몇 년 전 공개수업에서 학생들과 해부를 한 뒤부터 분위기는 완전히 바뀌었다. 그때 해부에 참여했던 학생들이 그 뒤로도 사체를 들고 오고, 또 들고 온 사체를 아이들끼리 직접 해부하고 다양한 데이터를 정리해 두기 시작했다. 멤버도 수시로 바뀌는 그것은 수업도 아니고 동아리 활동도 아닌 알 수 없는 활동이었다. 그들의 이름은 바로 '해부클럽'이었다.

코타, 처음 도전하다

처음 너구리 전신 골격 만들기를 시도한 것도 해부클럽 아이들이었다. 그때까지 머리뼈 표본을 만든 적은 있었지만 전신 골격은 끓이는 것이 쉽지 않아 선뜻 시작하지 못하고 있었다.

"뼈 전체를 발라 전신 골격을 만들어 보고 싶어요."

해부클럽 창시자 중 한 사람인 코타가 그런 말을 하기에 일단 시도

'열혈남아' 미노루

수건을 머리에
쓰고 있다.

등에 바구니를 지고 등교한다.
(미노루는 기숙사에 거주)

작업복

골격을 짜는 데 필요한
도구와 스케치북

슬리퍼

너구리가 들어 있는 냄비

해 보기로 했는데 그렇게 해서 처음 만들어 본 골격 표본은 앞발 끝과 뒷발 끝 등 섬세한 부분의 살이 미처 다 제거되지 않았고 또 전체적인 모양도 일그러져 부자연스러웠다. 하지만 그럭저럭 전신 골격은 완성했다.

어떤 일이든 처음 할 때는 굳은 결심이 필요하다. 코타의 '춤추는 너구리 골격'은 그런 면에서 의미 있는 표본이다. 말을 꺼낸 코타도 그때까지는 '해부' 같은 건 해 본 적이 없는 평범한 학생이었다. 처음 너구리를 해부할 때 "오늘 해부한다"라고 말하자 "네? 오늘요? 아직 마음의 준비가 안 되었는데……."라고 말을 흐렸던 것으로 기억한다. 그러나 친구들과 함께 해 나가면서 코타도 해부를 즐기게 되었다.

"요즘은 살아 있는 동물을 보는 것보다 사체를 줍는 게 더 즐겁단 말이야. 아무리 생각해도 좀 위험한 상태인 것 같아."

졸업을 바로 앞두고는 이런 말을 하여 우리들을 웃기기도 했다. 아무튼 당시 고등학교 3학년 학생들을 중심으로 한 이 이상한 모임 '해부클럽'이 남긴 업적은 실로 대단했다. 해부클럽이 있음으로 해서 나도 학생들에게 사체를 맡길 수 있게 되었고 활용할 수 있게 되었다.

미노루의 골격짜기용 소도구

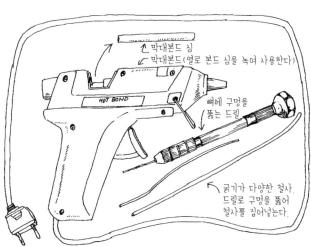

그리고 무엇보다도 학생들 사이에 '해부는 재미있다'라는 일종의 문화가 싹텄다는 점은 의미 있는 일이었다. 나아가 이번에는 은행을 먹는 너구리를 해부할 수 있었고 사치코의 골격 표본 만들기도 그런 첫 시도에 의해 가능했다.

해부클럽 아이들이 졸업할 때가 가까워 오면서 나는 조금 걱정스러워졌다. 모처럼 생겨난 이 '문화'가 사라져 버리는 것은 아닐까. 그러면 나와 야스다는 또다시 눈코 뜰 새 없이 바쁜 생활을 해야 한다.

그런 걱정을 하고 있는 우리의 눈앞에 확실한 후계자가 나타났다. 그들보다 한층 더 무서운 녀석이었다.

미노루의 등장

"뭘 주워 왔니?"

"상자 네 개요."

뭐라고? 아연실색하면서 미노루의 커다란 상자 안을 들여다보았다. 무시무시한 녀석이다. 돌고래 사체(전체) 하나와 다른 동물의 머리

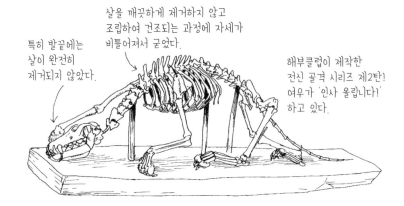

해부클럽의 당당한(?) 성과

살을 깨끗하게 제거하지 않고 조립하여 건조되는 과정에 자세가 비틀어져서 굳었다.

특히 발끝에는 살이 완전히 제거되지 않았다.

해부클럽이 제작한 건신 골격 시리즈 제2탄! 여우가 '인사 올립니다!' 하고 있다.

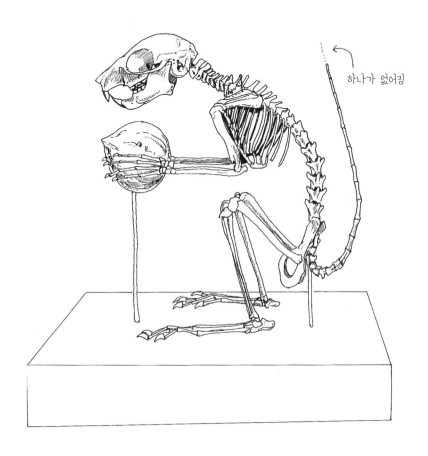

하나가 없어짐

일본다람쥐의 전신 골격
미노루의 영향으로 야스다가 끈기 있게 제작!

뼈 세 개, 바다사자의 머리뼈, 바다표범의 뼈 여러 개, 마지막으로 미라가 된 바닷새 여러 마리. 이 많은 것들이 미노루의 상자 안에 들어 있었다. 미노루는 여름방학을 이용해 홋카이도에 간다고 했었다.

"뼈를 주울 거예요."

그렇게 말은 했지만 설마 이렇게 많을 줄이야!

텐트를 짊어지고 바닷가에서 캠핑하면서 뼈를 줍다가 양이 많아지면 학교로 부쳐 왔다.

"이것 말고도 떨어져 있는 것이 많았지만 우편물 보낼 돈이 없어서 못 가져왔어요. 바다표범 머리를 주워 오지 못한 게 제일 안타까워요."

미노루는 이만큼 주워 오고도 모자라 더 주워 오지 못한 것을 아쉬워했다. 비닐봉지를 들고 해안을 거닐며 뼈를 주웠고, 허리에 끈을 매어 돌고래 뼈를 끌고 왔다고 한다. 모처럼 주운 바닷새의 사체는 텐트 밖에 두었다가 하마터면 여우에게 빼앗길 뻔했다고도 했다. 아무튼 미노루의 이야기는 들으면 들을수록 기가 막혔다.

"돌고래는 어떻게 할까요?"

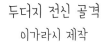

두더지 전신 골격
이가라시 제작

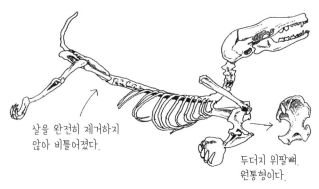

살을 완전히 제거하지
않아 비틀어졌다.

두더지 위팔뼈.
원통형이다.

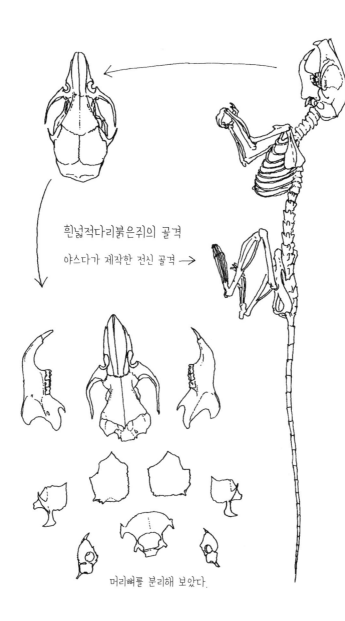

흰넓적다리붉은쥐의 골격

야스다가 제작한 전신 골격 →

머리뼈를 분리해 보았다.

"드럼통에 넣고 끓이자."

미노루가 주운 돌고래는 썩은 사체였고 그것을 학교로 부칠 때 네 개로 나누어 보냈다. 비닐봉지에서 돌고래 덩어리를 꺼내자 지독한 냄새가 확 풍겨 나와 교실을 메웠고 구더기도 뚝뚝 떨어졌다. 미노루는 그것을 드럼통에 넣고 끓여 결국 멋진 골격 표본을 완성했다.

'냄새나게 해서 미안합니다.'

이렇게 쓴 종이를 벽에 붙이고 비상계단 아래에서 돌고래 뼈를 건조시키던 열혈남아 미노루는 해부클럽의 강력한 후계자가 되었다.

뼈를 바르는 남자아이

미노루는 종이접기에서 프로급의 솜씨를 자랑하는 학생이었다. 제1기 해부클럽 아이들이 졸업할 때쯤 미노루가 해부에 관심을 갖게 된 것을 참 다행스럽게 여기며 그에게 사체를 맡겨 보았다. 미노루는 숨어 있던 솜씨를 발휘하기 시작했다.

전에도 해부클럽 아이들은 전신 골격 만들기를 여러 번 시도했다.

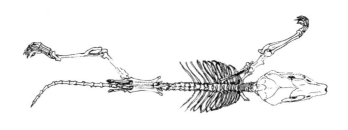

위팔뼈

일본뒤쥐 전신 골격

과학실
미노루의 일터

나란히 진열해 둔
너구리 머리뼈

뿔뿔이 흩어진
날다람쥐 머리뼈를
복원하고 있다.

따뜻하게 하면 부드러워지는
특수 검토 뼈가 없어진
골격 부분을 메운다.

철사

조개낙지
껍데기

들쇠고래 이빨

커터칼

접착제

초

아비
머리뼈

거북이 뼈

조개

공작의 척추

날다람쥐 아래턱

뼈에 관한 책

공작 날개뼈

공작 가슴뼈

완족동물의
껍데기

홋카이도에서 주운
돌고래 전신 골격

들쇠고래 꼬리뼈

성게 껍데기

들쇠고래 갈비뼈

고토 열도에서 주워 온
들쇠고래의 척추

미노루가 주워 온
뼈들을 계단 아래
그늘에서 말리고
있다.

냄새나게 해서
미안합니다

이런 글귀도 붙여 두었다.

그러나 앞발과 뒷발의 끝이나 갈비뼈 등이 여기저기 흩어져서 정확하게 원래 모양으로 복구시키지는 못했다. 나는 가느다란 뼈들은 한번 빠지면 두 번 다시 짜 넣을 수 없다고 생각하고 있었다.

"안되겠어."

이렇게 말하는 나를 미노루는 힐끗 한번 보더니 발뼈를 완전히 분해한 뒤 다시 짜기 시작했다. 종이접기와 골격 표본 만들기는 어떤 상관관계가 있는 것일까. 게다가 미노루는 사체를 끓이는 도중에 잃어버린 뼈를 다른 뼈에서 골라내어 보수하는 아슬아슬한 기술까지 발휘하여 우리 모두를 놀라게 했다.

지금 과학실 책상 위에는 그가 새로 짜 완성시킨 골격 표본과 또 지금 짜고 있는 골격들이 빽빽이 늘어서 있다. 돼지 발, 사슴 다리, 너구리 전신, 원숭이, 오소리, 돌고래, 공작, 올빼미, 까마귀……

9년 전 내가 처음 골격 표본 만들기를 시도한 것은 돼지였다. 학교 식당에서 돼지 머리를 얻어 혼자 주방에서 끓였다. 내가 잠깐 다른 일을 하는 사이 학생 하나가 냄비를 열어 보고 비명을 지르며 달려 나가고, 장난치러 온 가쓰라와 마키다는 돼지를 끓인 물에 소금과 후추

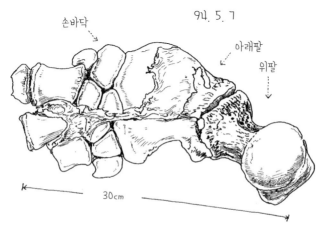

미노루가 주워 온
들쇠고래의 팔뼈 일부

94. 5. 7

손바닥

아래팔

위팔

30cm

를 쳐서 마시기도 했다. 지금 생각하면 그들도 미노루 못지않다. 하지만 그때와 비교해 미노루의 출현에는 격세지감을 느끼지 않을 수 없었다. 뼈 바르기도 진화한다…….

갑자기 '뼈 바르는 열혈남아' 시리즈로 바뀐 것 같다. 앞에서 사체를 보고 우리가 무엇을 알 수 있는지에 대해 이야기를 한 바 있는데, 뼈 바르기도 마찬가지다. 우리들이 뼈 바르기에 몰두하는 것 역시 뼈에서 얻을 수 있는 것이 많기 때문이다.

박쥐의 날개뼈

중학교 생물 수업시간의 일이었다.
"박쥐의 날개 부분 뼈를 상상하여 그려 보렴."
박쥐 날개의 겉모습만 그려진 종이를 앞에 두고 아이들은 고민에 빠졌다.
"이거야!"
자신 있게 쓱쓱 그리는 아이도 있었다. 정말 가지각색이다. 날개의

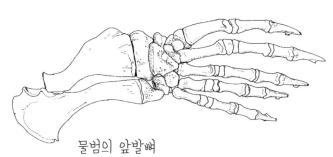

물범의 앞발뼈
지느러미가 되었지만 다섯 손가락이 있다.
미노루가 홋카이도에서 주워 와 짜 맞추었다.

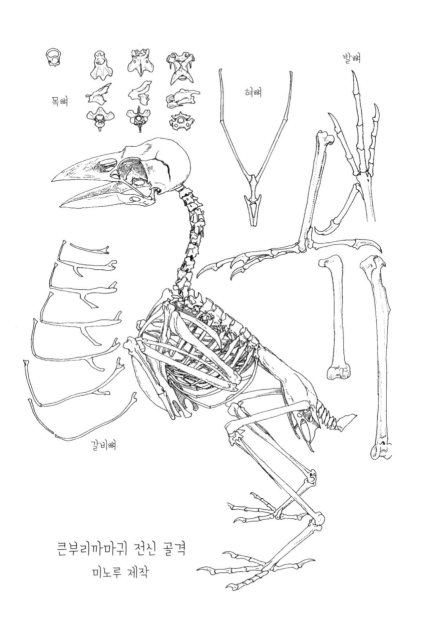

목뼈

혀뼈

발뼈

갈비뼈

큰부리까마귀 전신 골격
미노루 제작

가장자리를 따라 뼈를 그리는 아이, 우산살을 상상하는 아이……. 날개 전체에 격자무늬로 뼈가 들어 있다고 생각하는 아이도 있었다.

그렇다면 박쥐 날개의 뼈는 어떻게 생겼을까.

박쥐의 날개는 다른 포유류로 치면 앞다리에 해당한다. 그러므로 기본적으로 인간의 팔과 똑같은 구조를 가지고 있다. 제대로 위팔뼈가 있고 팔꿈치 관절을 거쳐 두 개의 아래팔뼈가 있고 그 앞에 손바닥뼈와 다섯 개의 손가락뼈가 붙어 있다. 즉 박쥐는 앞다리와 다섯 손가락 사이에 막을 치고 날고 있는 것이다.

생물은 '진화'라는 과정을 통해 현재에 이른다. 그러나 현존하는 생물만을 보며 그 사실을 실감하는 것은 쉬운 일이 아니다. 하지만 뼈에는 진화의 역사가 선명하게 남아 있다. 포유류 공통 조상의 기본형을 변형해 현재의 모습으로 나타남을 뼈를 통해 짐작할 수 있다. 특히 박쥐 날개의 뼈를 보고 있으면 책 속 세계에 불과하다고 생각했던 진화라는 것이 아주 가깝게 느껴진다.

뼈는 생물 진화의 역사서이다. 우리는 사체에서 생명의 역사를 읽고 있는 것이다.

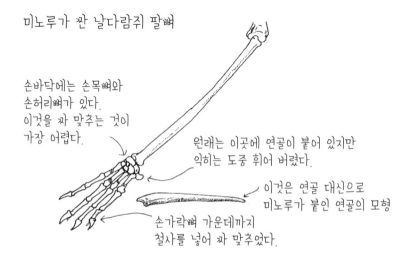

미노루가 짠 날다람쥐 팔뼈

손바닥에는 손목뼈와
손허리뼈가 있다.
이것을 짜 맞추는 것이
가장 어렵다.

원래는 이곳에 연골이 붙어 있지만
익히는 도중 휘어 버렸다.

이것은 연골 대신으로
미노루가 붙인 연골의 모형

손가락뼈 가운데까지
철사를 넣어 짜 맞추었다.

다시 두더지 이야기로 돌아가 보자. 두더지의 앞다리도 위팔, 아래팔과 손바닥, 손가락 등으로 구성돼 있어 기본적으로 박쥐의 날개와 같다. 그러나 하늘을 나는 생활과 땅속에서 굴을 파는 서로 다른 생활이 이 둘의 앞다리를 완전히 다른 형태로 바꾸었다.

두더지의 위팔뼈는 굵고 짧으며 원통형이다. 나는 두더지의 앞발을 볼 때마다 땅속에 굴을 파는 것이 얼마나 중노동인가를 새삼 느끼게 된다.

기본에 충실한 그들의 뼈

두더지를 포함한 식충목의 조상이 포유류 공통의 조상이라고 말했었다. 박쥐는 원시 식충목이 하늘로 날아오른 것이고 원숭이는 그들이 나무 위로 올라간 것이다.

여기까지는 그래도 쉽게 상상이 된다. 하지만 식충목이 바다로 들어가 고래가 되었고, 초원으로 가 풀을 먹으며 말이 되었다고 하면 선뜻 이해가 가지 않는다.

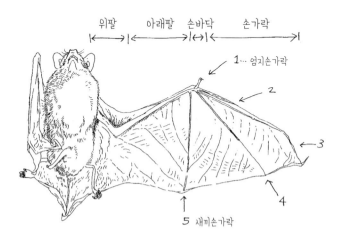

박쥐의 날개

하지만 이쯤에서 뼈를 관찰해 보면 그 비밀에 좀 더 쉽게 다가갈 수 있다. 예를 들어 목뼈를 보자. 두더지의 목뼈는 일곱 개인데 그건 쥐도 인간도 모두 같다. 실제로 본 일은 없지만 기린의 목뼈도 일곱 개다. 포유류 공통의 조상인 원시 식충목이 일곱 개의 목뼈를 가지고 있었다는 기본 틀을 목이 길어진 현재의 기린도 충실히 지키고 있는 것이다.

그러나 이 일곱이라는 수에 어떤 의미가 있는지는 나도 모른다. 포유류의 목뼈 수가 일곱 개였든 열 개였든 상관없었을지도 모른다. 추가로 말하자면 조류인 까마귀의 목뼈 수는 열세 개다.

그렇다면 고래는 어떨까? 고래 역시 일곱 개다. 미노루가 주워 온 돌고래에서는 목뼈 일곱 개가 하나하나 떨어져 있었지만 돌고래가 아닌 다른 고래들은 목뼈 일곱 개가 붙어 있어 마치 하나의 뼈처럼 보인다.

이것은 고래의 특징이기도 하다. 고래의 목뼈가 붙어 있는 이유는 고래가 생활하는 데 목을 움직일 일이 거의 없기 때문이다. 아니, 그보다는 목이 긴 것이 생활하는 데 불편하여 목이 짧은 고래만이 살아

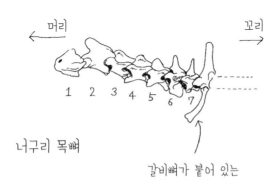

너구리 목뼈

갈비뼈가 붙어 있는
부분부터 척추

남아 지금의 모습이 되었다고 보는 것이 옳다.

고래의 생활을 보면 목뼈가 하나이건 두 개이건 크게 문제가 되지 않을 것 같다. 그러나 원래 일곱 개였던 생물에서 진화하였기 때문에 서로 붙어 한 개처럼 보이는 것이다.

진화란 조상이 물려준 몸의 형태를 조금씩 개조하여 새로운 모습으로 바꿔 가는 과정이다. 서로 엉겨 붙은 목뼈야말로 고래가 예전에 땅 위에 살던 포유동물이었다는 사실을 확실히 증명해 주는 것이다.

골동품 가게 아저씨 이야기

우리 집 가까이에는 골동품을 파는 가게가 하나 있다. 분위기가 좀 이상한 가게인데 때때로 그곳 주인아저씨와 이야기를 나누곤 한다. 아저씨는 동물을 매우 좋아하는 사람이다. 얼마 전에는 둥지에서 떨어진 날다람쥐와 다람쥐를 주워 와 키우고 있다.

한번은 아저씨네 집 거실에서 키우고 있는 날다람쥐를 보러 갔다. 날다람쥐는 거실 의자에서 이불을 돌돌 말아 자고 있었다. 날다람쥐

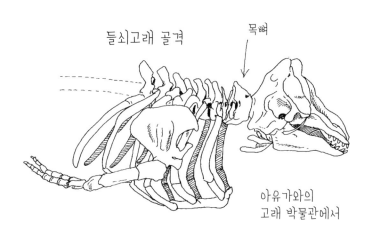

들쇠고래 골격

목뼈

아유가와의
고래 박물관에서

고래의 목

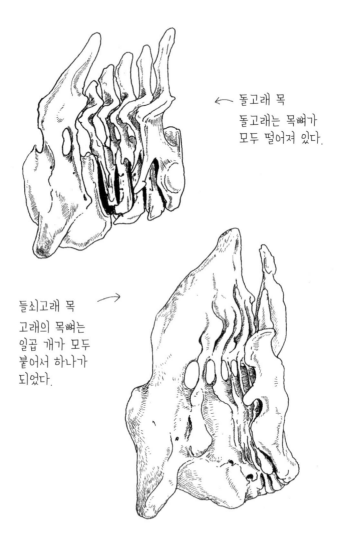

← 돌고래 목
돌고래는 목뼈가
모두 떨어져 있다.

들쇠고래 목 →
고래의 목뼈는
일곱 개가 모두
붙어서 하나가
되었다.

는 낮에는 주로 그렇게 잠을 잔다. 천장을 올려다보니 여기저기 끈이 매여 있었다. 밤이 깊어지면 천장은 날다람쥐의 운동장으로 바뀐다고 한다.

"밥을 만들어 주다 보니 이 녀석이 버섯을 좋아한다는 걸 알게 됐어."

아저씨는 야생 날다람쥐가 먹으리라고는 상상도 못한 메뉴를 이야기했다.

"날다람쥐는 정말 귀여워. 다람쥐와는 전혀 다르거든. 다람쥐는 정이 안 가."

다람쥐가 들어 있는 바구니를 앞에 두고 아저씨는 말했다. 얼마 전에는 접착식 덫에 생각지도 않게 족제비가 걸렸다고 한다. 밀가루도 발라 보고 하면서 끈적이는 것을 없애 어떻게든 키워 보려고 했는데 어느새 도망쳐 버렸다고 했다. 그렇게 동물을 좋아하는 아저씨도 키우고 싶지 않은 동물이 있단다.

"쥐는 꼬리만 없으면 키워 볼 수도 있겠는데……."

쥐는 아무래도 인기가 없다.

이가라시가 주워 온 시궁쥐
같은 쥐라도 들쥐보다 귀엽지 않다.
93. 2. 12

머리뼈만 보면 쥐와 날다람쥐, 다람쥐 모두 같다. 그런데 두더지와는 차이가 난다.

두더지는 위턱의 한쪽을 보면 앞니 세 개, 송곳니 한 개, 작은어금니 네 개, 큰어금니 세 개가 있다. 인간의 경우에도 앞니, 송곳니, 어금니의 배열로 이가 나는 것은 다르지 않다. 그런데 쥐는 끌 모양으로 자라는 앞니 하나와 어금니 세 개가 전부다. 어금니의 수는 다르지만 끌 모양의 앞니와 어금니가 나는 이 배열은 날다람쥐와 다람쥐도 마찬가지다.

즉 이것은 설치목의 특징이다. 머리뼈를 보면 두더지 같은 식충목과는 차이가 더욱 뚜렷하다. 쥐(설치목)와 제주땃쥐(식충목)의 차이에 비하면 날다람쥐와 쥐(모두 설치목)의 차이는 아주 작다.

날다람쥐는 하늘을 나는 쥐이고 다람쥐는 꼬리에 털이 나 있는 쥐다. 꼬리만 없으면 키워 볼 수도 있겠다고 말했던 아저씨는 어렴풋이 그 점을 알고 있었던 건지도 모르겠다.

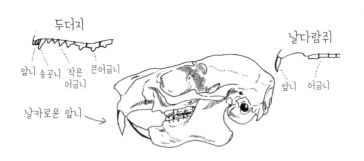

두더지

날다람쥐

앞니 송곳니 작은 큰어금니
　　　　어금니

앞니 어금니

날카로운 앞니 →

동료 선생인 호시노와 엔도모가 대만에서
날다람쥐를 먹고 머리뼈를 선물로 갖다주었다.

흩어지는 머리뼈

포유류의 조상이라 할 수 있는 식충목의 머리뼈가 현재 포유류 머리뼈의 기본 형태이다. 포유류에 비해 설치목은 이빨의 수가 적고 앞니를 특수하게 사용한다. 즉 머리뼈에는 어떤 생물을 포유류로 분류하거나 그 조상을 유추하는 데 중요한 단서가 되는 정보들이 기록되어 있다.

골격 표본을 만들 때 가장 먼저 머리뼈를 발라내는 것도 그러한 이유이다.

바다표범의 경우 개와 함께 식육목으로 분류되는데 이것은 진화의 역사와 관련이 깊다고 한다. 머리뼈를 서로 비교해 보면 저절로 고개가 끄덕여진다.

그 외에도 머리뼈를 가장 먼저 짜는 또 하나의 이유가 있다. 바로 발라내기 쉽다는 점 때문이다. 척추뼈나 손가락뼈 같은 것은 코타와 미노루가 등장하기 전까지 우리는 누구도 감히 손도 댈 수 없는 부분이었다. 어쨌든 조심성 없이 푹 끓여 뿔뿔이 흩어져 버리면 두 번 다

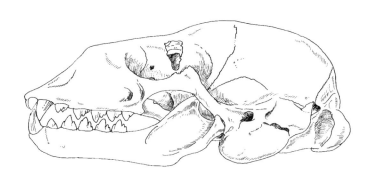

홋카이도에서 주운 물범의 머리

이가라시가 주워 온 백골이 된 잉어 사체

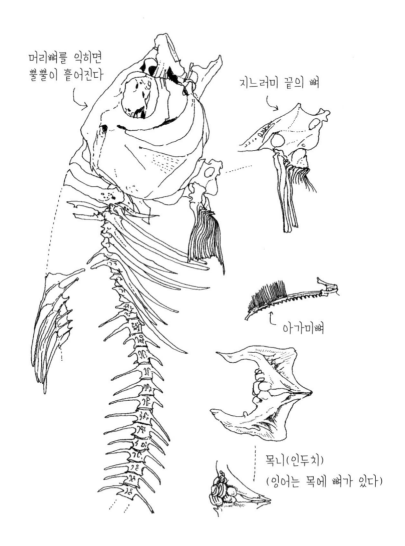

머리뼈를 익히면
뿔뿔이 흩어진다

지느러미 끝의 뼈

아가미뼈

목니(인두치)
(잉어는 목에 뼈가 있다)

시 조합할 수 없다(미노루는 그것도 마치 퍼즐 맞추기를 하듯이 끝까지 해내는 끈기를 가졌지만).

이에 비해 머리뼈는 머리뼈 부분과 아래턱 부분 두 개로 분리되어 훨씬 간단하다. 그 정도는 나도 해낼 수 있다.

단, 이렇게 두 부분으로 분리되는 것은 포유류와 조류뿐이고 어류는 끓이면 뿔뿔이 흩어져 버린다. 한번 이가라시가 가지고 온 잉어의 미라로 골격 표본을 짜려 했다가 실패한 적이 있다. 조심스럽게 끓였지만 역시나 다 흩어져 다시 짜 맞추는 데 일주일이나 걸렸다. 그나마 그것도 찌그러진 형태가 되었고 몇 개는 어디에 들어갈지 전혀 감을 잡을 수 없었다.

그러나 솔직히 말해 이것은 내 이야기일 뿐이고 학생들 중에는 이시이처럼 가물치를 잡아서 머리를 끓여 멋지게 조합하는 우수한 아이들도 있다.

어찌 됐든 나에게는 골격 표본 만들기 중 머리뼈가 가장 쉽고 친숙하다. 어제도 오랜만에 두더지 전신 골격 만들기를 시도하였지만 역시 머리뼈를 짜는 데서 그치고 말았다.

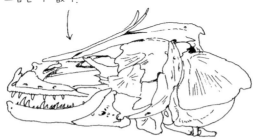

물고기 머리뼈는 익히면 뿔뿔이 흩어진다.
조심스럽게 뼈를 바르지 않으면
다시 조립할 수 없다.

이시이가 직접 낚은 가물치의
머리뼈를 발라 짜 맞추었다.

고래의 귀뼈

포유동물의 머리뼈는 위아래 두 부분으로 이루어져 있다. 그러나 윗부분은 사실 하나의 뼈가 아니라 여러 개의 뼈가 붙어 하나로 보이는 것이다.

사람의 경우 아기였을 때는 각각의 뼈 사이에 틈이 있지만 성장하면서 그것이 점점 붙는다. 이것은 인간도 옛날에는 물고기 같은 머리뼈를 가지고 있었다는 의미이다. 그런데 포유류 중에 다 성장하여도 머리뼈가 붙지 않는 동물이 있는데 그것이 바로 고래이다.

대학 시절 하루도 빠짐없이 가던 술집이 있다. 그 술집의 주인아저씨는 생물을 무척 좋아했다. 우리는 거기서 아르바이트를 해서 돈을 벌면 그 돈으로 다시 그 가게에서 술을 마셨다. 돈이 없는 우리 때문이었는지는 모르겠지만 결국 주인아저씨는 가게를 접고 이후 학원을 경영하고 있다.

그 주인아저씨와 상어 이빨과 고래 화석을 찾는다는 목표를 가지고 지바 현 조시로 화석을 채집하러 간 적이 있다.

너구리 머리뼈를 분리했다.
머리뼈도 여러 개의 뼈가 모여 이루어진다.

새끼 원숭이의 머리뼈는
둥그스름하고 사람의
머리뼈와 비슷하다.

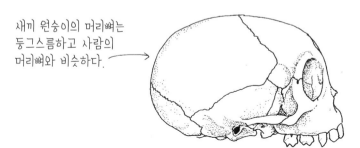

●새끼 일본원숭이의 머리뼈

●어미 게잡이원숭이의 머리뼈

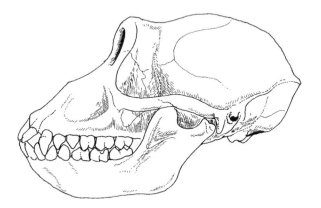

상어 이빨은 그렇다 쳐도 고래 화석은 아직까지 채집은커녕 본 적도 없으니 도대체 어떻게 생겼는지 전혀 감을 잡을 수 없었다. 왠지 비슷한 것 같아 들고 서성거렸더니 채집하러 온 한 화석 전문가가 가르쳐 주었다.

"바로 그겁니다."

고래의 화석이라고 하지만 머리 하나가 통째로 나오는 것은 아니다. 뼈의 일부를 찾을 수 있을 뿐이어서 아무것도 모르는 사람은 그저 돌멩이라고 생각할 수도 있다. 그렇게 돌멩이처럼 생긴 화석 중에 조금 특징 있는 것이 있었다. 둥글고 움푹 팬 것이 왠지 독특해 보였다.

"고래 귀뼈예요."

알고 보니 그곳은 고래 귀뼈 화석이 자주 나오는 것으로 유명한 곳이었다.

그건 그렇다 치고 고래의 '귀뼈'라니?

조시의 고래 귀뼈 화석

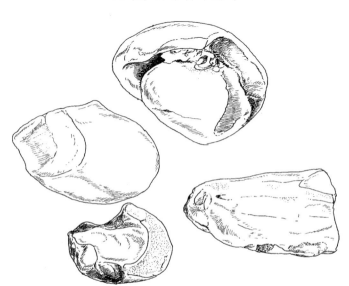

정체를 밝혀라

화석에 관한 책을 뒤져 보니 고래의 귀뼈 사진을 쉽게 볼 수 있었다. 국제 화석 박람회에 갔을 때 미국 고래의 귀뼈 화석을 파는 것을 본 적이 있다. 책에는 고래가 죽으면 귀뼈가 머리뼈에서 빠져 분리되는데 매우 딱딱하기 때문에 깊은 바다 밑에서도 부식되지 않고 쌓여 있다가 화석이 되기 쉽다고 설명되어 있었다.

그런데 선뜻 이해가 가지 않는다. 고래에게 귀가 있다니. 하긴 고래의 노래가 CD로 만들어질 정도이니 고래도 노래를 들으려면 당연히 귀가 있어야 하겠지만 말이다.

귀란 바깥에 툭 튀어나와 있어야 한다는 것이 일반적인 생각이기 때문에 돌출된 귓바퀴가 없는 고래의 귀를 상상하기란 쉽지 않다. 그러나 고래에게 귓구멍과 고막이 있는 것은 분명하다. 실제로 소리를 들을 때는 속귀에 있는 기관이 고막의 진동을 느끼는 것이므로 귓바퀴가 없어도 소리를 들을 수 있다.

인간도 귀뼈가 있다. 귓속뼈라는 세 개의 작은 뼈가 고막의 진동을

우리가 무엇이든 줍는 이유 ·

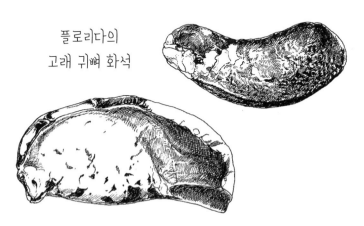

플로리다의
고래 귀뼈 화석

토모미치와 함께 간 화석 박람회에서

속귀로 전달하는 역할을 한다. 그런데 귓속뼈은 굉장히 작고 고막의 안쪽에 들어 있기 때문에 보통 동물의 사체에서는 일부러 핀셋으로 파내지 않는 한 잘 나오지 않는다. 딱딱하고 독특하게 생긴 고래 '귀뼈'와는 차이가 있다.

잘 살펴보면 고래의 귀뼈는 바위 부분과 고막틀 부분으로 이루어져 두 뼈가 함께 맞물려 있다. 알고 보니 내가 주운 것은 고막틀 부분이었다.

'도대체 이 뼈의 정체는 무엇일까?'

고래의 목뼈에 대해서 이야기할 때도 말했듯이 진화는 서서히 일어나는 변화의 과정이고 고래가 땅 위에 살고 있는 우리 주변의 포유류들과 조상이 같다면 고래의 귀뼈 같은 것을 다른 동물의 뼈에서도 찾아낼 수 있을 것이다.

'고래 귀뼈의 정체를 찾아라.'

이것은 한동안 내 생활의 테마가 되었다.

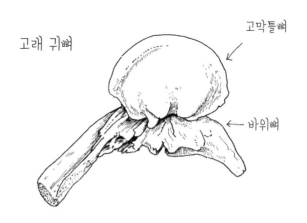

고래 귀뼈

고막틀뼈

바위뼈

왜 떨어져 있는가

나는 너구리 머리뼈를 꺼내 와 열심히 들여다보았다.

"여기가 귓구멍일 테고, 그리고……."

귀 부분을 뚫어지게 보면서 고래의 귀뼈를 떠올렸다.

"툭 튀어나온 이 부분이 고래 귀뼈와 비슷한걸……."

조사해 보니 이 툭 튀어나온 부분이 고막틀 부분이란다. 그러면 바위 부분 뼈는 어떨까? 이것도 조사해 보니 바위 부분이라는 명칭을 속귀 근처에서 찾을 수 있었다. 즉 너구리 머리뼈로 말하자면 귓구멍에서 가운데귀와 속귀에 걸쳐 아랫쪽에 해당하는 부분이 고막틀 부분, 그 위쪽을 덮는 부분이 바위 부분이다. 그러나 고래의 경우 각각 고막틀 부분과 바위 부분이 머리뼈에서 분리되어 하나의 뼈를 이룬다. 그것이 내가 겨우 얻어 낸 결론이었다.

너구리나 사람은 바위 부분과 고막틀 부분으로 둘러싸인 가운데귀 속에 귓속뼈 세 개가 들어 있다. 그렇다면 고래도 고막틀과 바위 부분 사이에 이와 별도로 귓속뼈가 들어 있을 것이다. 내가 가지고 있

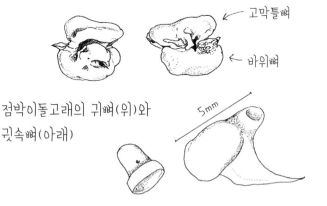

← 고막틀뼈

← 바위뼈

점박이돌고래의 귀뼈(위)와
귓속뼈(아래)

5mm

※단 돌고래의 경우 갖고 있던 귀뼈에서 귓속뼈가
두 개만 나왔다. 왜일까? 세 개가 있어야 하는데…

는 돌고래의 귀뼈 두 개 사이를 쿡쿡 찔러 보니 과연 데구르르 귓속뼈가 굴러 나온다.

미노루가 홋카이도에서 돌고래 뼈를 주워 온 것은 마침 내가 고래 귀뼈에 빠져 있을 때였다. 운 좋게도 그중 하나에 귀뼈가 붙어 있었다. 확실히 다른 동물의 사체라면 바위 부분과 고막틀 부분이라고 불리는 곳 주변에 고래의 귀뼈가 달라붙어 있다. 그리고 이것이 머리뼈와 근육으로 이어져 있다. 근육이 썩으면 떨어져 나오는 것이다. 그렇다면 다른 포유류와 달리 고래의 귀뼈는 왜 분리되어 발달한 것일까.

더 자세한 것을 알고 싶어 고래 귀뼈에 관한 자료를 뒤져 보았다.

물속에서는 몸을 통해서도 소리가 전달된다. 그러므로 몸을 통해 전달되는 소리와 양쪽 귀를 통해 들려오는 소리를 구별하기 어렵다. 물속으로 들어간 고래들은 소리를 정확히 듣기 위해서 두 개의 귀뼈(좌우 네 개)를 머리뼈와 분리시켜 몸을 통해 전달되는 잡음을 효과적으로 차단할 수 있도록 발달한 것이다. 이해가 되었는가? 이 범위를 넘어서면 나 혼자 힘으로 해결할 수 없다.

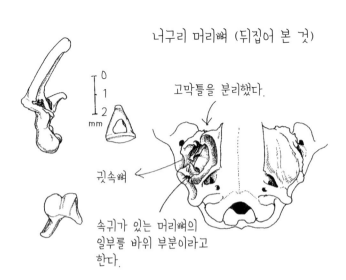

너구리 머리뼈 (뒤집어 본 것)

고막틀을 분리했다.

귓속뼈

속귀가 있는 머리뼈의 일부를 바위 부분이라고 한다.

아버지의 한마디

　결국 수중 생활에 적응하기 위해 고래의 '귀뼈'는 머리뼈에서 분리된 것이다.

　"바다사자의 귀뼈를 보려고요. 우선 바깥 부분을 스케치하고 안을 갈라 볼 거예요."

　내 이야기에 자극을 받아서일까, 미노루는 바다사자의 귀뼈를 관찰해 보겠다고 했다.

　"바다사자도 물속에서 생활하니까 특별한 구조를 가지고 있지 않을까요?"

　나는 바다사자에 대해서는 미처 생각하지 못했다. 고래와 바다사자 모두 물속에서 생활한다는 점은 비슷하지만 바다사자나 바다표범 같은 식육목은 고래와 달리 귀보다 눈을 더 많이 이용하고 있다고 나는 생각한다. 사랑스럽고 커다란 눈은 바다표범의 큰 특징이기 때문이다.

　미노루의 관찰이 끝나지 않았으니 정확한 답은 아직 모른다. 물론

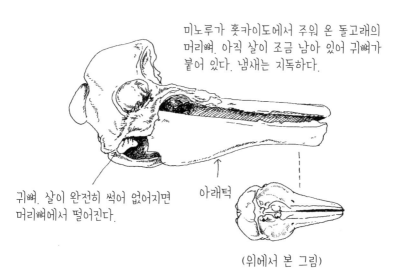

미노루가 홋카이도에서 주워 온 돌고래의 머리뼈. 아직 살이 조금 남아 있어 귀뼈가 붙어 있다. 냄새는 지독하다.

귀뼈. 살이 완전히 썩어 없어지면 머리뼈에서 떨어진다.

아래턱

(위에서 본 그림)

고래 귀뼈에 관심이 없는 사람에게는 아무래도 상관없는 일일 테지만 말이다.

지금까지 귀뼈에 관해서 간략하게 정리하였다. 그러나 이것은 탐정이 된 것처럼 열심히 조사하고 생각한 것이다. 추리소설에서 그렇듯이 탐정은 자료의 조각을 짜 맞추어 범인을 밝혀낸다.

생물을 관찰하는 재미도 이와 같다. 학자들이 이미 알고 있어도 상관없다. 나를 두근거리게 만드는 문제이기 때문이다. 추리소설을 읽을 때 모든 사람이 결말을 알고 있어도 나만 모르면 가슴 두근거리며 읽을 수 있는 것처럼.

고래 귀뼈가 아니어도 이 지구상에는 150만 종 이상의 생명체가 존재한다. 즉 150만 개 이상의 이야기가 있고, 나는 150만 개 이상의 추리소설을 읽을 수 있다는 것이다. 그리고 이 소설은 아무리 들어도 질리지 않는다.

"생물을 보고 있으면 평생 지루하지 않다."

어릴 때 아버지가 하셨던 그 한마디를 지금도 떠올린다.

물범의 눈은 크다!

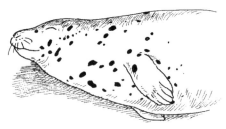
점박이물범

에노시마 수족관에서… 91. 3. 31

미노루와 뜨겁게 토론하다

고래 귀에 관한 이야기는 아직 끝나지 않았다. 그때 너구리 귓구멍에서 나온 귓속뼈는 두 개뿐이었다. 교통사고로 죽은 여우에게서 꺼낸 귓속뼈도 두 개.

"이상한걸."

책에서는 분명 사람을 포함한 모든 포유류에게 귓속뼈가 세 개 있다고 했는데……

미노루와 둘이서 고개를 갸우뚱거리며 너구리의 머리뼈를 쑤셔 보았지만 더는 나오지 않았다.

어떻게 된 걸까? 너구리에게는 귓속뼈가 두 개밖에 없는 게 아닐까?

"선생님, 있어요! 세 개가 맞아요."

"그래?"

"돼지를 보면 여기 이쪽에……"

한참 지나 미노루가 깨진 돼지의 머리뼈를 가지고 왔다. 돼지 머리

소 머리뼈 단면 (미노루가 절단)

귓속뼈는 이 안에 있다

바위 부분

바깥귀길

귓속뼈(실물크기)

고막틀 부분

뼈의 귓구멍 부근을 부수어 보았더니 세 개가 다 나왔다. 세 개째 등자뼈는 더 작은 데다 속귀 안쪽 뼈에 걸려 있어서 귓구멍을 쑤시는 정도로는 빠지지 않았던 것이다.

미노루의 이야기를 듣고 너구리 머리뼈의 고막틀 주변을 깨뜨려 보았더니 마지막 귓속뼈가 나왔다. 역시 너구리에게도 세 개의 귓속뼈가 있다는 것이 증명되었다.

"미노루, 너구리도 세 개 다 있어!"

"정말이요!"

식당에서 줄 서 있던 미노루를 보고 다가가 말했다. 문득 옆을 보니 다른 학생들이 히죽히죽 웃으며 우리들을 쳐다보았다.

"그렇게 이상하니?"

나도 모르게 그 학생에게 물었다.

"소의 귓속뼈는 클까요?"

"그렇지는 않을 거야. 귓속뼈가 너무 크면 고막의 진동이 전달되기 어렵거든……."

"바다사자의 귓속뼈는 어떨까요?"

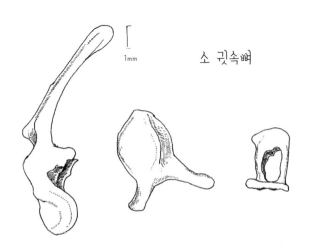

1mm

소 귓속뼈

"음, 어떨까……?"

다른 사람들이 우리를 이상하게 보고 있어도 미노루와 나는 귀뼈 이야기에 정신없었다.

신은 작은 부분에 존재한다

포유류는 세 개의 귓속뼈를 가지고 있는데 여기에는 이유가 있다.

앞에서 말했듯이 어류의 머리뼈는 여러 개의 뼈로 이루어져 있다. 그러나 포유류의 머리뼈는 서로 엉겨 붙어 있다. 포유류의 머리뼈가 발라내기 쉬운 것은 어류와는 달리 모두 붙어 있기 때문이다. 포유류는 위쪽의 머리뼈와 아래턱 두 부분으로 이루어져 있다.

머리뼈는 어류에서 양서류, 파충류를 거쳐 포유류로 서서히 진화하고 있다. 파충류의 턱뼈는 하나가 아니라 여러 개의 뼈로 나누어져 있고 포유류가 되어서야 하나의 뼈로 합쳐진다. 그렇다면 다른 뼈들은?

파충류의 턱관절을 이루고 있는 아래턱의 뼈와 위턱의 뼈, 그리고

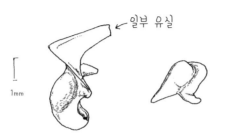

돼지 귓속뼈

일부 유실

1mm

원래 있던 귓속뼈, 그것이 포유류의 귀에 있는 세 개의 귓속뼈가 되는 것이다. 즉 포유류의 귀에 세 개의 귓속뼈 중 두 개는 예전에 턱뼈의 일부였다.

책에서 처음 이런 내용을 접했을 때 나는 아무쪼록 그 사실을 눈으로 직접 확인해 보고 싶었다. 진화라는, 눈에 보이지 않는 것을 생생하게 느껴 볼 수 있는 좋은 예라고 생각했기 때문이다. 나는 귀를 쑤셔 꺼낸 귓속뼈를 핀셋으로 집어 들고 속삭였다.

"당신은 옛날엔 턱뼈였군요."

이런 뼈의 진화는 포유류 공통의 조상을 거쳐 사람에게도 너구리에게도 소에게도 모두 똑같이 전해지고 있다.

"와! 모두 연결되어 있구나!"

교실 어디에선가 이런 소리가 새어 나온다. 귓속뼈라는 하찮은 뼈 하나 속에도 장엄한 진화의 역사가 담겨 있다.

"신은 작은 부분 속에 존재한다."

나름대로 멋진 말 한마디를 생각해 냈다.

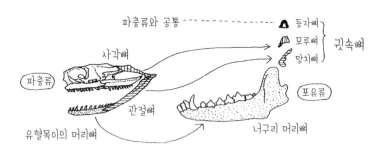

파충류의 아래턱뼈는 여러 개의 뼈로 이루어져 있다.
그중 관절뼈와 머리뼈의 사각뼈가 포유류에서는 귓속뼈가 되었다.

※ 정확하게 말해 뱀의 경우 그림의 관절뼈는 본래 관절뼈에 앞관절뼈와 위뿔뼈가 융합한 아래턱융합뼈라고 불린다.

우리가 사체를 줍는 이유

"사체를 보면 기분이 으스스해져요."

많은 학생들이 이렇게 말한다. 그러나 나는 오히려 그런 말을 하는 사람들이 즐겨 보는 공포영화를 볼 때 훨씬 기분이 나쁘다. 한 가지 더 덧붙이자면, 이곳에 살고 있는 사람들에게는 미안하지만, 산을 깎아 만든 신축 주택단지가 훨씬 기분이 나쁘다. 똑같이 생긴 건물들이 줄줄이 늘어서 있으면 나는 왠지 소름이 끼친다.

곰곰이 생각해 보면 나는 내 힘으로 어쩔 수 없는 것에 대해서는 왠지 모를 공포감을 느끼는 것 같다.

공포영화는 충격적인 영상을 그저 일방적으로 보여 줄 뿐이고, 인공적인 주택단지를 향해서 내가 할 수 있는 일은 아무것도 없다. 이런 느낌이 나를 불안하게 만든다. 사체의 경우에도 자주 접하지 않았던 것에는 긴장하게 된다.

"얼마 전 인체 해부를 했어요. 하지만 저는 보고만 있었어요. 잘할 수 있을 거라고 생각했는데 닥쳐 보니 안 되더라고요. 나 자신이 조

사체가 무섭지 않아?
너구리 사체를 앞에 놓고 기념사진을….
솜옷을 입은 아이, 록 가수 같은 아이,
그야말로 가지각색.

히라마쓰.
학교에서 반시뱀을 키우고
기숙사에서 전갈을 키운다.
무서운 생물을 좋아하는 마니아.

너구리의 탈색과
머리색을 맞춘 요코

분고 →

← 너구리를 발견한
이와사키

← 너구리

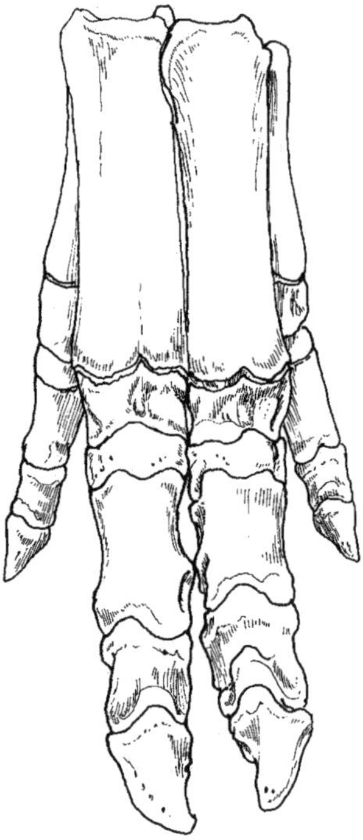

(발등)

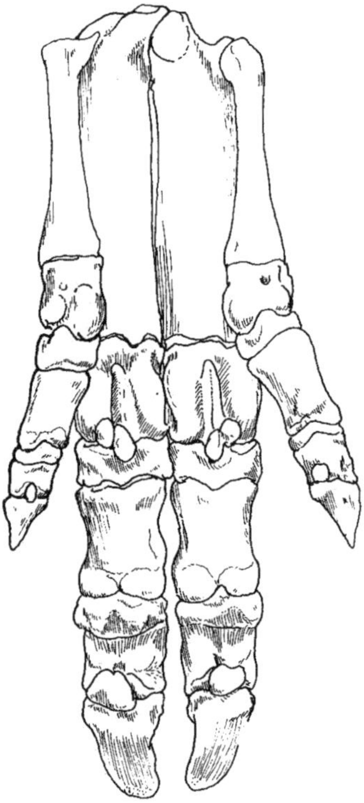

(발바닥)

돼지 발

음식점을 하는 다마의 집에 가정방문을 갔더니
수업시간에 쓰라며 돼지 발을 하나 주셨다.
이 돼지 발을 미노루가 익혀서 골격 표본을 만들었다.

금은 실망스러웠어요."

졸업하여 간호학교에 입학한 료코가 이런 이야기를 한 적이 있다. 너구리나 두더지 사체를 다루는 데 익숙하다 못해 친근감마저 갖고 있는 나도 사람의 사체를 보면 역시나 긴장한다. 접할 기회가 적기 때문이다.

나도 사람의 사체를 직접 대하면 무섭다는 생각부터 드는 것이 사실이다.

나는 이런 말을 자주 한다. 무섭게 느껴지는 사체도 직접 보고 만져 보면 그 속에서 '무언가'가 보인다고. 위를 통해 그 동물이 어떻게 생활하는지 단편을 볼 수 있고, 사체에 붙어 있는 기생충을 통해서 또 다른 '무언가'를 볼 수 있다. 또한 뼈는 그 생물의 역사를 말해 준다.

사체 속에서 '무엇인가'를 보려고 노력하지 않으면 사체는 그저 기분 나쁘고 무서운 것에 지나지 않는다.

지금 나와 아이들은 사체에 붙어사는 진드기를 갖고 놀고, 사체를 해부하고, 냄비에 넣고 끓여서 뼈를 발라내고, 그리고 사체가 말하는

떼지 마시오

크앙

고양이에게 물린 쥐의
머리 가죽
11/26 마키코

우와!

결국 만들었다

미카코   마키코

고양이가 물어 온 사체로
마키코가 만든 것.
교무실 벽에 붙어 있다.

(※이 그림은 마키코가 그린 그림)

이야기를 듣는다.

　사체는 이렇게 우리들에게 훌륭한 선생님이 되어 준다. 우리는 각자 자신만의 방법으로 사체를 보는 법, 즐기는 법을 서서히 익혀 가고 있다.

3

사람들이 싫어하는
곤충들의 세계

치요코가 가장 싫어하는 것

"바퀴벌레는 정말 싫어요. 며칠 전 방에서 바퀴벌레가 나왔거든요. 다음 날까지 방에 못 들어갔어요."

혼자 하숙을 하는 치요코와 대화하다 바퀴 이야기가 나왔다.

"청소기로 빨아들이면 된다고 하지만 스위치를 끄면 다시 흡입구로 기어 나올 것 같잖아요. 게다가 청소기 안에 바퀴벌레가 들어 있다고 생각하면 그건 더 기분 나빠요. 얼마 전에 친구가 와서 청소기 필터를 바꿔 줬는데, 바퀴벌레 때문에 또 바꿀 수도 없고요."

"그렇게 싫어?"

"나는 곤충은 다 싫어요. 백과사전 같은 데 사진이 많잖아요. 그래서 백과사전을 볼 때는 마음의 준비를 해야 해요. 곤충 사진이 실린 페이지를 모두 스테이플러로 찍어 버릴까도 생각해 보았지만 그러려면 그 페이지를 어쨌든 펼쳐야 하잖아요. 그러니까 그것도 불가능해요. 한번은 백과사전이 책장에서 떨어져 곤충 사진이 펼쳐진 거예요. 덮지 않을 수도 없고……."

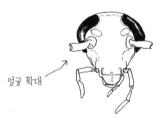

얼굴 확대

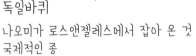

독일바퀴
나오미가 로스앤젤레스에서 잡아 온 것
국제적인 종

13mm

옛날 곤충 소년이었던 나에게는 상상할 수도 없는 감정이다. 하지만 치요코 정도는 아니더라도 바퀴가 사람들에게 인기가 없다는 건 분명하다.

"움직이는 모습이 징그러워."

"나는 바퀴벌레가 날아다니는 것만은 참을 수 없어."

움직임에 관해서는 꼽등이도,

"어디로 튈지 몰라서 싫다니까."

나방에 대해서는,

"날갯짓을 할 때 가루가 떨어지는 게 싫어."

나방을 싫어하는 아이들은 상당히 많지만 꼽등이에 대해서 말하는 아이들은 별로 없다.

어쨌든 미움받는 곤충 하면 단연 바퀴다.

움직임이나 나는 모습만이 아니라 불결한 느낌과 뻔뻔스러움도 미움받는 이유다.

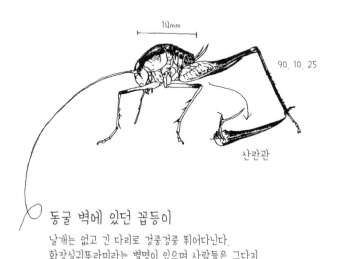

14mm

90. 10. 25

산란관

동굴 벽에 있던 꼽등이

날개는 없고 긴 다리로 겅중겅중 뛰어다닌다.
화장실귀뚜라미라는 별명이 있으며 사람들은 그다지
좋아하지 않는다.

아마존의 거대한 바퀴

"지구상에서 가장 번창하는 생물이 뭐라고 생각해?"

"사람 아닐까요?"

"아니, 나는 바퀴벌레일 거 같아요. 아무리 죽여도 사라지지 않는 강인함이 대단하잖아요."

이런 대화에도 바퀴는 결코 빠지지 않는다.

'바퀴는 끈덕지다, 밉살스럽다.'

이런 생각이 사람들 머릿속에 분명히 박혀 있는 듯하다.

한편으로는 바퀴한테 큰 관심이 있다는 것도 확실하다. 수업 중에 거대한 아마존의 바퀴를 보여 주었더니 아이들은 비명을 지르면서도 서로 먼저 보려고 모여들었다. 정말 엄청난 인기였다.

또 수업시간에 바퀴에 관한 책을 보여 주었더니 수업이 끝난 후에도 몇몇 학생들이 흥미롭게 페이지를 넘기고 있었다. '기분 나쁜 것을 보고 싶어 하는 본능'이 작용하는 것 같았다.

수업 준비가 힘든 나에게는 어떤 감정이든 상관없이 학생들이 관

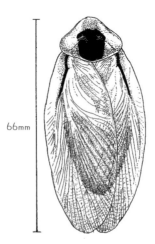

66mm

남미 에콰도르의
대형 바퀴

심을 갖는 거라면 그것으로 충분하다.

한마디 덧붙이자면 나는 원래 미움받는 생물을 좋아하는 조금 이상한 성향을 가지고 있기도 하다. 바퀴 역시 내가 관심을 가지고 있는 생물 중 하나이다. 일단 관심을 가지면 점점 좋아지게 된다. 특히 여행을 가서 '처음 보는 바퀴'가 나타나면 나는 마음속으로 쾌재를 부른다.

여기서는 바퀴를 좋아하는 꽤 많은 학생들(개중에는 나처럼 바퀴 팬도 있다)의 시각과는 조금 다른 각도로, 그저 느껴지는 대로 관찰해 보자.

언젠가 서점에서 바퀴에 관한 책을 발견하고 무척 기뻐했던 적이 있다. 하지만 한편으로 '이런 책을 누가 살까' 하는 생각도 들었다. 물론 그런 책이 나오면 나는 반드시 사 두지만.

일본에는 52종류의 바퀴가 살고 있다고 한다.

'이렇게 많을 줄이야!'

처음 받았던 인상은 이것이었다.

독특한 냄새.
뭐라고 표현해야 좋을까?

염원하던 태국산 물장군
간장을 드디어 찾았다.

접시에 담긴 물장군 그림

차이나타운의 식용 바퀴

요코하마에 있는 차이나타운. 이곳은 나에게 딱 어울리는 장소이다. 식료품점 구석 혹은 한약방 앞에 약재로 변신한 바퀴가 잠자고 있는 곳. 내가 최근 찾아낸 것은 '멘다'라는 물장군 맛이 나는 태국산 간장이다. 물장군이란 유명한 수생곤충으로 곤충을 좋아하는 사람들에게는 우상 같은 존재이다. 그것을 넣어 만든 간장이 있다는 얘기는 들어 왔지만 진짜로 보게 되다니, 정말 기뻤다.

일본에도 메뚜기와 벌의 애벌레 등 곤충을 먹는 문화가 있다. 아마 다른 나라에는 조금은 낯선 또 다른 관습이 있을 것이다. 그 사실을 머리로 알고 있다고 해도 직접 보게 되면 알 수 없는 묘한 충격에 사로잡힌다.

그런 의미에서 물장군 맛 간장은 굉장한 물건이다. 하지만 한층 더 학생들에게 폭발적인 반응을 끌어낸 것은 역시 함께 구입한 식용 바퀴였다. 식용이라고 하지만 정확히 말하면 약용이다. 한약방에서는 바퀴를 건조시켜 팔고 있다.

히데오가 태국 요리 식료품점에서
찾아낸 식용 물장군

소금에 절였는지 몹시 짜다.
맛은 짠맛+약간의 성게 맛.
하지만 맛이 없다.
냄새는 노린재 냄새라고 할까?

94. 3. 15

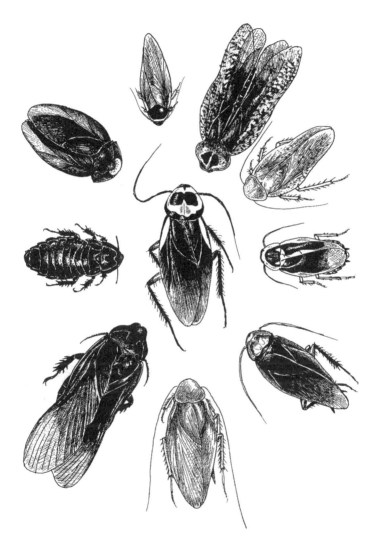

바퀴도 여러 가지….

"이거 얼마예요?"

'자충'이라고 쓰여 있는 병을 가리키며 쭈뼛쭈뼛 점원에게 물었다. 가격이 의외로 쌌다.

"어디에 쓰는 거예요?"

그러자 그 점원이 우물우물 대답했다. 해독 및 구강염 치료에 효과가 있다고 한다.

"우와!"

"정말? 그럼 먹을 수 있는 거야?"

수업시간에 아이들에게 보여 주었더니 역시 엄청난 인기였다. 일본인이 메뚜기를 먹는 데 대해 조금도 이상해하지 않는 것처럼 만일 바퀴도 옛날부터 약용으로 사용되었다면 전혀 놀랍지 않았을 것이다. 문화란 태어날 때 가지고 나오는 것이 아니라 전달되고 배우는 것이다.

하지만 바퀴를 먹는다는 건 그런 지식을 단숨에 날려 버릴 만큼 충격적인 사실이다(내가 이 약용 바퀴를 입에 넣는 시늉을 해 보였기 때문에 아이들이 충격을 받은 것 같기도 하다).

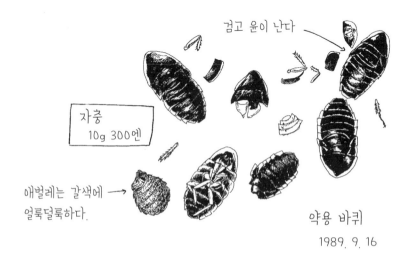

검고 윤이 난다

자충
10g 300엔

애벌레는 갈색에
얼룩덜룩하다.

약용 바퀴
1989. 9. 16

바퀴는 미움을 받는 생물인데 그것을 먹는다고 하니 학생들에게 충격은 몇 배가 될 수밖에 없었다.

다수파를 능가하는 소수파

일본에는 바퀴가 52종류나 있다. 한약방에서 팔고 있는 것은 중국산이지만 형태를 보면 일본 바퀴의 한 종류인 사쓰마바퀴와 비슷하다. 사쓰마바퀴는 남방계 바퀴로 미야케 섬과 하치조 섬, 그리고 야쿠 섬에서 본 적이 있다. 이 사쓰마바퀴는 밖에서 살기 때문에 집 안을 돌아다니는 일은 거의 없다. 하치조 섬에 가면 한밤에 길 여기저기 돌아다니는 사쓰마바퀴를 볼 수 있다.

사쓰마바퀴는 생긴 모습이 다른 것들과는 사뭇 다르다. 날개가 퇴화하고 있어 타원형의 몸통이 더 둥글게 보인다. 바퀴를 싫어하는 사람도 사쓰마바퀴를 보면 귀엽다고 생각할지도 모른다.

52종류나 되는 바퀴를 '지저분하다', '끈덕지다', '징그럽다'라는 말로 단정 지을 수는 없다. 불결하다고 여겨지는 바퀴 중에 약용으로

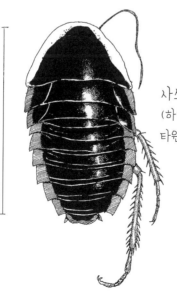

25mm

사쓰마바퀴
(하치조 섬)
타원형으로 귀엽게 생겼다.

쓰는 바퀴도 있기 때문이다. 사쓰마바퀴는 집 안이나 부엌에 나타나는 일은 거의 없고, 더구나 다른 바퀴에 비해 날개가 많이 퇴화하여 '날아오는' 일은 더더욱 없다.

52종류의 바퀴 가운데 집 안에 들어와 살면서 피해를 주는 것은 먹바퀴, 집바퀴, 이질바퀴 등 열 종류뿐이다. 나머지는 바깥에서 조용하게 살고 있다는 얘기다.

바퀴 중에 실내에 살고 있는 것은 몇 종류밖에 안 되지만 바퀴의 이미지는 이 소수의 바퀴에 의해 다 만들어지고 있다. 들판에서 바퀴를 본 적이 있다는 사람은 별로 없다.

이렇게 소수의 바퀴들이 바퀴 전체의 이미지를 만들어 낸 이유는 사람들 주위에서 살고 있기 때문이다. 거기에 '지저분하다', '징그럽다'는 인상이 바퀴의 이미지를 한층 더 나쁘게 만들었다. 바퀴는 사람들이 싫어하기 때문에 더 유명해진 생물이다.

바퀴를 싫어하는 치요코가 한번은 바퀴에 대해 조사해 보려고 결심한 적도 있다고 이야기했다. 싫기 때문에 오히려 관심이 생겨났던 것이다. 물론 자료를 보는 것이 내키지 않아 결국 포기했지만.

날개를 펼친
집바퀴(일본바퀴)♂
이 바퀴벌레는 실내,
야외 어디서든 살고 있다.

91. 5. 24

기숙사의 아이들이
잡아 온 것

겐타, 애벌레를 먹다

"벚꽃에 붙어 있는 털이 난 애벌레를 먹을 수 있을까요?"

"먹는다고는 하던데."

"그래서 내가 먹어 보려고 잡아 왔어요."

어느 날 겐타가 벚나무에서 애벌레를 잡아 왔다.

"우선 불에 쬐어 털을 태우는 게 좋겠다."

털을 태우고 나서 냄비에 볶은 애벌레 주위에 우리는 둘러앉았다.

"아무나 먼저 먹어 봐."

"겐타부터 먹어라."

겐타가 주저하며 먼저 먹었다.

"오, 맛있는데."

그렇게 말하니 나도 도전해 보지 않을 수 없었다.

"정말 꽤 맛있네."

"고소한 맛이 나."

야스다와 다른 학생들도 손을 뻗기 시작하더니 제각각 느낌을 말

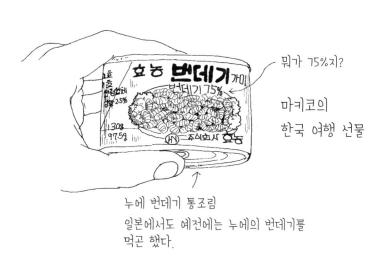

뭔가 75%지?

마키코의
한국 여행 선물

누에 번데기 통조림
일본에서도 예전에는 누에의 번데기를
먹곤 했다.

했다. 나는 그저 듣고만 있었지만 이런 감상이 거짓말은 아니었다. '먹는다'는 행위도 제법 사람을 매혹시킨다.

'곤충'은 지구상에 가장 종류가 많은 생물이다. 오늘날까지 사람이 확인한 것만 90만 종에 이른다고 한다. 말하자면 우리는 벌레투성이인 세상에서 살고 있는 것이다. 그런데 9년 동안 교사 생활을 하면서 나에게 곤충에 관해 질문하거나 곤충에 관한 정보를 가져온 아이들은 의외로 많지 않았다.

너구리에 관한 것은 139건이나 되는데도 말이다. 특히 우리에게 친근한 누에나방이나 배추흰나비에 관한 정보를 가져온 일은 거의 없었다.

미움받는 자와 인기 있는 자

왜일까? 너무 작아 눈에 잘 띄지 않기 때문일 수도 있다. 혹시 눈에 띄었다 해도 굳이 나를 찾아와 물어볼 정도로는 흥미를 느끼지 못했을 수도 있다. 너구리 사체는 가져와도 배추흰나비는 가져오지 않는

누에 번데기 통조림을 먹어 본다.

"이거 뭐예요?"

하며 아이들이 들고 왔다.

　　　　　-나방 편

※기록한 것을 살펴보면 나비보다
인기가 없는 나방을 아이들은
더 많이 들고 온다.

"나방과 애벌레가 합체한 것 같은
곤충이 있어요. 되게 징그러워요!"
6월 22일. 오카이와 휴가 주워 왔다.

정체: 박쥐나방의 일종
탈피하는 과정에서 문제가
생겨 날개가 자라지 못했다.

"개미애벌레! 개미처럼 생긴 애벌레예요"
라며 히로코가 가져왔다. -6월 13일

정체: 재주나방의 어린 애벌레
재주나방의 애벌레는 앞다리가
길어서 이상해 보인다.

"?? 이거 뭐예요?"

1월 30일, 너구리 관찰 모임을 할 때
중학생 모모이가 들고 왔다.

정체: 자나방 일종의 암컷 어른벌레
암컷은 날개가 없다.

"이건 뭐예요?"
졸업한 사야카가
편지와 함께 넣어 보냈다.
주워서 방에 장식해 두었는데
친구들이 징그럽다고
했다고 한다. -1월 29일

정체: 밤나무산누에나방의 고치

"이건 뭐예요? 돌을
던져서 떨어뜨렸어요."
12월 15일 게이코가

정체: 유리산누에나방의 고치
팔마구리나방이라고도 한다.

"이거 나비예요? 나방이에요?"
중학생이 물어보러 왔다. -6월 29일

정체: 이름은 확인해 보지
않았으나 나방의 일종이다.

긴꼬리산누에나방

"선생님, 에메랄드 빛깔의 거대한 나방을 봤어요. 보셨어요?"
"빛깔이 환상적인 나방이 있던데요."
초여름이 되면 해마다 아이들은 이런 질문을 한다.
긴꼬리산누에나방의 옥색 날개는
사람들에게 강한 인상을 남긴다.

것은 달리 말하면 곤충이 우리의 일상생활 속에서 무시되고 있다는 의미이다.

그런 곤충 가운데 다소 예외적인 것이 바퀴나 나방 같은 미움받는 곤충들이다. 그리고 많은 예가 있는 것은 아니지만 앞에서 이야기한 먹는 곤충들이 그러하다. 냄새가 지독한 노린재, 쏘이면 아픈 벌도 그런 점에서는 '인기 곤충'에 속한다.

"노린재가 방에 자주 들어오는데 냄새나지 않게 퇴치하는 방법은 없나요?"

"노린재는 왠지 형광색 옷에 잘 붙는 것 같아요."

"노린재의 냄새가 지독한 것은 뭔가 냄새나는 것을 먹기 때문일까요?"

특히 늦가을, 노린재가 겨울을 나기 위해 학교나 기숙사 안으로 들어오는 계절에는 그런 질문이나 정보가 쏟아져 들어온다.

나는 딱 한 번 노린재를 먹은 적이 있었다. 먹고 싶어서 먹은 것이 아니라 산책하던 중 산딸기를 따 먹었는데 공교롭게도 거기에 노린재가 함께하고 있었다. 그때까지 나는 노린재의 냄새가 대단하다고

무당알노린재
겨울을 나기 위해 집에도 들어온다.

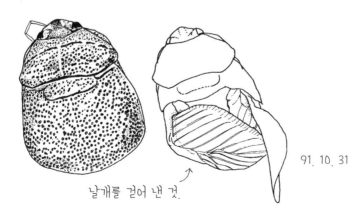

91. 10. 31

↑
날개를 걷어 낸 것.

생각하지 않았는데 입안으로 역류하여 코를 뚫고 나오는 그 악취는 과연 사람을 쓰러지게 할 정도로 지독했다. 아무리 침을 뱉어도 한참 동안 역겨운 것을 참을 수가 없었다. 이 이야기를 아이들에게 했더니 아이들은 야단법석이었다.

"꿀벌은 침을 쏘면 죽나요?"

"나는 저번에 쌍살벌에게 쏘였어요."

"천장 위에 벌집이 있는데 없애는 방법 좀 가르쳐 주세요."

가만 보면 벌에 관한 질문도 꽤 있다.

기숙사 목욕탕에 전갈이 나타났어요

벌과 노린재가 '인기 벌레'인 것은 역시 우리들과 '접점'이 있기 때문이다. 자기 자신이 바로 피해자가 될 수 있다는 생각이 그들에 대해 알고 싶게 만든다.

"기숙사 목욕탕에서 전갈이 나왔어요."

어느 날 아이들이 교무실로 달려왔다. 아무리 산기슭의 학교라지

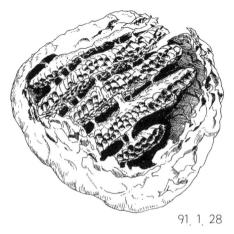

'벌집 발견'이라는 정보도 자주 들어온다. 이것은 황말벌의 오래된 벌집이다. 겉이 부서져 벌집 안쪽이 들여다보인다.

91. 1. 28

만, 또 노린재가 겨울을 나기 위해 교실에 들어오고 쌍살벌과 장수말
벌이 교내에 벌집을 만드는 곳이긴 하지만 전갈까지 침입하지는 않
는다. 전갈은 남부 지역에서나 볼 수 있다.

나는 아이들이 들고 온 이른바 '전갈'을 만나 보기로 했다.

"이거 전갈붙이란다."

전갈붙이를 전갈이라고 생각한 것도 이해가 되긴 한다. 전갈붙이
는 앞발이 집게로 되어 있어 언뜻 보기에 전갈을 연상시키기 때문이
다. 대신 훨씬 작고 독침이 있는 꼬리가 없다. 본래는 낙엽 밑에서 작
은 곤충을 먹고 산다.

"어쩐지……."

어렴풋이 전갈이 아닐지도 모른다고 생각했던 아이들이 전갈붙이
라는 말에 고개를 끄덕였다.

"전갈 보고 싶어요. 전갈은 어디에서 살아요?"

그 뒤 남부 지방으로 수학여행을 갔을 때 아이들이 물었다.

"찔리면 죽나요?"

전갈을 찾아내 관찰하며 아이들은 웅성거렸다. 그곳에는 두 종류

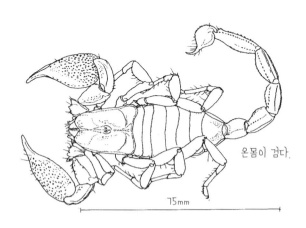

온몸이 검다.

75mm

전에 나오코가 인도를 여행했을 때
필사적으로 잡아 온 전갈

의 전갈이 있는데 두 종류 모두 독이 약하고 물려도 죽지 않는다. 그러나 그것이 사실인지 직접 눈으로 확인한 적은 없다.

전갈이 인기가 있는 이유는 독 때문이다. 역시 '무서운 곤충'은 인기가 있다. 아이들이 평소에는 전혀 관심 없었던 작은 곤충(엄밀히 곤충은 아니지만)에 관심을 갖게 된 것도 독을 가진 전갈과 관련지어 생각했기 때문이다. 이처럼 곤충 팬이 아닌 다음에는 그 곤충을 이용할 수 있는가 혹은 반대로 피해를 입는가에 관련해서만 흥미를 갖는 것이 사실이다. 학생들이 곤충에 관해 질문을 할 때 혹은 정보를 가져올 때는 마음 한편으로 그런 점을 염두에 두고 있다.

보일 때와 보이지 않을 때

어렸을 때 나는 곤충 소년이었다. 곤충을 잡아서 표본을 만들고 점점 늘어나는 새로운 수집품을 보며 즐거워하던 시절이 있었다.

곤충 표본을 보며 즐거워한다는 것은 곤충을 '유익'한가 '유해'한가를 기준으로 보는 것과는 차원이 다르다. 그런 판단 기준 없이도 꾸

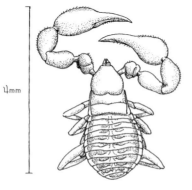

4mm

다케오가 기숙사 목욕탕에서 잡은 전갈붙이의 일종

준히 곤충에 관심을 갖는, 아니, 곤충을 보며 행복해하는 것이니까.

그러나 그런 곤충 애호가들도 모든 곤충에 관심을 기울이지는 않는다. 대상을 좁혀 가지 않으면 재미가 없다. 어떤 사람은 나비만 쫓아다니고 어떤 사람은 하늘소만 수집하듯이 자신도 모르게 좋아하는 곤충에 집중한다. 나 또한 한때는 벌, 한때는 하늘소, 그리고 조금 짓궂은 마음으로 흰등멸구와 각다귀를 수집하러 다니곤 했다.

벌에 빠져 있을 때는 벌만 눈에 들어오고 그때까지는 없었던, 벌을 채집하는 눈을 갖게 된다. 이럴 땐 벌에 쏘이는 것쯤은 전혀 문제가 되지 않는다.

당시 나는 곤충채가 없어서 맨손으로 벌을 잡거나 벌이 앉아 있을 때 병으로 덮쳐서 잡았다. 장수말벌이나 쌍살벌도 그렇게 해서 잡았는데 지금 생각하면 온몸에 소름이 끼치는 일이다. 그러나 '벌 열병'에 빠지면 그런 생각은 할 겨를이 없다. 지금은 그 열정이 식은 지 오래되어서 벌을 보는 눈을 잃어버렸지만.

반대로 최근 관심을 갖게 된 바퀴에 대해서 어릴 때는 전혀 관심이 없었다. 그렇게 집 안을 많이 휘젓고 다니던 먹바퀴를 나는 한 번도

노린재목의 다양한 모습들(2편)
왼쪽부터 상투벌레, 귀매미, 소금강귀매미, 좀머리멸구

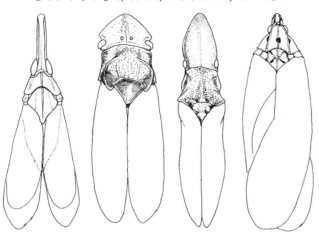

채집하지 않았다. 지금 내가 살고 있는 한노에서는 먹바퀴를 볼 수 없다. 대신에 지금 우리 집에는 집바퀴가 살고 있다. 먹바퀴가 그립지만 가까이에 표본이 없으니 볼 수가 없다. 너무 아쉬워서 부모님께 전화하여 먹바퀴를 보내 달라고 부탁해 봤지만 아니나 다를까 거절하셨다. 곤충 채집도 결국은 자신이 관심 없는 곤충에게는 무심하다.

왜 재미있을까

관심을 가지지 않는 한 그 대상은 좀처럼 눈에 들어오지 않는다. 평소 곤충에 관심이 없는 사람이 어떤 곤충이 '이로운가 해로운가'를 생각할 때도 있고 또 곤충을 아주 좋아하는 사람도 '관심이 없는 곤충'은 있게 마련이다.

내가 땅바닥에 주저앉아 곤충을 보고 있으면 지나가던 학생들이 말을 건넨다.

"선생님, 지금 뭐 하세요?"

"뭐 재미있는 거라도 있어요?"

← 바퀴와 가까운 곤충은 흰개미, 사마귀가 있다. 그러고 보니 알을 싸고 있는 것도 비슷하다.

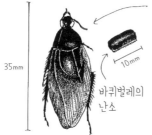

먹바퀴

먹바퀴는 외국에서 일본으로 들어온 곤충이다. 다테야마 집에는 훨씬 더 많았다. 그림을 그리려고 집으로 갔더니 '다 없애 버렸는데…'라고 아버지가 말씀하셨다. 결국 열심히 뒤져서 화장실 한쪽 구석에 죽어 있는 것을 한 마리 발견했다.

35mm

10mm

바퀴벌레의 난소

곤충을 보는 즐거움을 모르는 아이들에게 나는 이상한 선생님일 뿐이다.

"이거 무슨 곤충이에요?"

"맴돌이거저리의 애벌레란다."

"그런 걸 어떻게 알아요?"

"……."

아이들은 나에게 무슨 곤충인지 물어봄으로써 내가 이상한 사람이란 것을 다시 확인하는 것 같다. 그러나 나를 이상한 사람으로 생각해도 어쩔 수 없다. 그것은 사실이니까 말이다.

나는 지금부터 내가 왜 유익하지도 해롭지도 않은 '평범한 곤충'에 관심을 갖는지에 대해 이야기해 보려 한다.

흑바구미라는 곤충이 있다. 바구미는 입끝이 코끼리처럼 길다란 딱정벌레의 일종이다. 흑바구미는 이른바 '평범한 곤충'으로, 찾아냈다고 해서 별다르게 놀라거나 기뻐할 이유가 없는 그런 곤충이다. 아마 이 책을 읽고 있는 독자들 대부분은 이름을 들어 본 적도 없을 것이다.

9년 동안 학생들이 나에게 이 곤충을 가져온 것은 모두 세 번이었

느닷없이 교무실로 찾아와
소곤거리며 이런 말을 내뱉는다.

"선생님,
이건 뭐예요?"

이가라시
(흑바구미가 날개가
없음을 발견(?)했다)

벌레를 좋아하는
이상한 취미를 가졌다.
바구미가 좋다고 늘 말한다.

중학생 때 모습.
중학생 때 위아래로
작업복을 입고 등교하여
진짜 중학생인지
의심받은 일도 있다.

다. 그만큼 아이들이 관심을 갖지 않는 곤충이라는 뜻이다.

그중 첫 번째는 "이거 무슨 곤충이에요?"라고 묻는 정도였다.

두 번째로 바구미를 가져온 나미호도 처음엔 똑같은 질문을 했다.

"이 곤충 귀여운데요. 키워 보고 싶어요."

이렇게 말해 놀랐다.

이가라시의 의문

바구미를 기르고 싶다는 생각을 나는 지금까지 해 본 적이 없다.

"그런데 이 곤충 느릿느릿 움직여요. 이것 보세요, 옷 위에 가만히 붙어 있잖아요."

듣고 보니 움직임이 둔하고 옷 위에 매달려 움직인다.

"귀여워요, 귀여워."

아이들은 무척 좋아했다. 바구미를 보고 즐거워하는 학생은 흔치 않았기 때문에 그때 일을 기록해 두고 싶었다. 그러나 그것은 곤충 자체에 대한 관심으로 커지는 않았다.

혹바구미

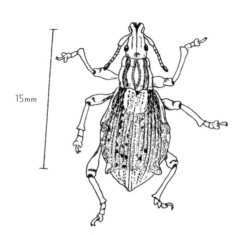

15mm

세 번째는 타로가 '재미있는 곤충을 발견해서 책상에 올려 두었어요'라고 적은 쪽지와 함께 교무실 내 책상 위에 바구미를 놓아 둔 것이었다. 하지만 이때도 처음에는 "아, 혹바구미를 가져왔구나"라고 말하는 데 그쳤다.

나도 학생들보다 곤충 이름을 조금 더 알고 있을 뿐 곤충을 보고도 그다지 흥미로워하지 않는 경우도 많다. 그런데 세 번째는 그것으로 끝나지 않았고, 처음으로 내가 혹바구미에 관심을 갖게 된 계기가 되었다.

타로가 혹바구미를 두고 간 그날 마침 이가라시도 이 곤충을 들고 내게 찾아왔다.

"선생님. 이 바구미, 날개가 펴지지 않아요."

이가라시는 곤충을 좋아하는 소년이다.

"그럴 리가……."

바구미를 비롯한 딱정벌레목은 네 장의 날개가 있는데 그중 위쪽 두 장은 딱딱하다. 이것을 앞날개라 부르고, 안쪽에 날기 위한 날개인 뒷날개가 복부를 감싸듯이 덮고 있다. 나는 단순히 앞날개 두 장이 잘 펴

애둥근혹바구미

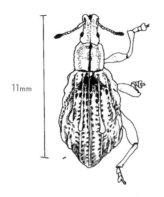

11mm

지지 않는 거라고 대수롭지 않게 생각했다.

"이것 봐……."

마침 가까이 있던 타로가 가지고 온 바구미를 잡아 날개를 펴 보이려고 했다.

불쑥불쑥 흥미가 끓어오르다

"어?"

이가라시가 말한 것은 사실이었다. 아무리 해도 바구미의 날개는 펴지지 않았다.

"에잇!"

억지로 힘을 주었더니 그럭저럭 펴지긴 했는데 그 펼쳐진 모습을 보고 깜짝 놀랐다. 펼친 앞날개의 안쪽에 있어야 할 날기 위한 날개인 뒷날개가 없었던 것이다. 잘 살펴보니 말라 버려 작아진 '뒷날개의 흔적' 같은 것이 붙어 있긴 했다. 하지만 이런 것으로는 날 수가 없다.

"날 수 없는 바구미라……."

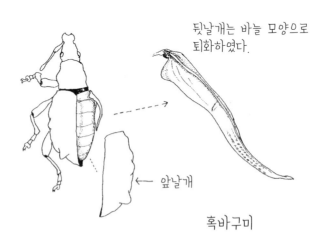

뒷날개는 바늘 모양으로 퇴화하였다.

← 앞날개

혹바구미

갑자기 호기심이 마구 끓어올랐다. 곤충은 본래 나는 생물이다. 바퀴가 날기 때문에 싫다고 하는 학생들이 있을 정도다. 그런데 날 수 없는 곤충이 있다니…….

분명 딱정벌레나 앞에서 말한 사쓰마바퀴처럼 날기 위한 날개가 없는 곤충이 있다는 건 알고 있었다. 하지만 예기치 못한 상황에서 그것을 보게 되니 이상하게 생각되었다.

"이 바구미는 왜 날지 못하는 걸까?"

'평범한 곤충' 속에서 작은 궁금증이 생겨나자 그것은 더욱더 큰 호기심을 유발시켰다. 이가라시에게 어디서 바구미를 잡았는지 물어보았다.

"감제풀(호장근) 잎에 붙어 있었어요."

그 대답을 듣고 방과 후 학교 뒤뜰에 있는 감제풀 잎에서 바구미 한 마리를 잡았다.

그날 밤 다시 바구미 날개를 잡아당겨 보았다. 그러면서 한 가지 잘못 알고 있던 걸 깨달았다. 타로가 가져온 것은 혹바구미였고 뒷날개가 퇴화한 것이었다. 그런데 이가라시가 날개가 펴지지 않는다고

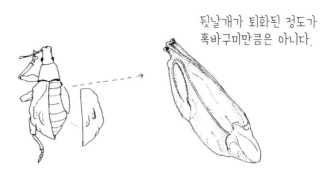

뒷날개가 퇴화된 정도가 혹바구미만큼은 아니다.

애둥근혹바구미

하며 가져온 바구미는 잘 살펴보니 혹바구미가 아니었다. 도감을 보니 그것은 애둥근혹바구미라는 다른 종이었다. 그런데 애둥근혹바구미도 이가라시의 말처럼 앞날개가 잘 펴지지 않고 뒷날개는 퇴화하고 있었다.

우연이었지만 우리는 이날 두 종류의 날지 못하는 바구미를 발견한 것이다.

나는 곤충과 날 수 없는 곤충

지금까지 나는 이 두 종류의 바구미들의 뒷날개가 퇴화하고 있다는 사실을 알지 못했다. 곤충도감에도 그런 내용은 쓰여 있지 않았다. 이미 잘 알려진 사실일지도 모르지만 그래도 책에 없는 사실을 발견하게 된 것이 꽤 기뻤다. 그리고 갑자기 날 수 없는 곤충에 대해서 관심이 생겨났다. 사쓰마바퀴같이 이미 날지 못한다고 알고 있던 곤충에 관해서도 새삼 확인하고 싶어졌다.

이것저것 조사하면서 나는 의외로 '날 수 없는 곤충'이 많다는 것을

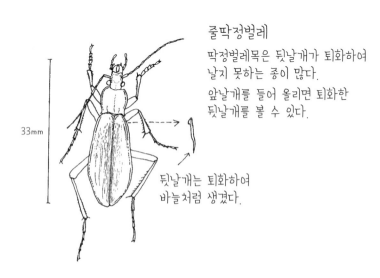

줄딱정벌레
딱정벌레목은 뒷날개가 퇴화하여 날지 못하는 종이 많다.
앞날개를 들어 올리면 퇴화한 뒷날개를 볼 수 있다.

33mm

뒷날개는 퇴화하여 바늘처럼 생겼다.

알게 되었다. 딱정벌레목인 딱정벌레, 하늘소, 사슴벌레 중에서도 날 수 없는 종류가 있고 심지어 파리와 나방 중에서도 날개가 퇴화하여 날지 못하는 것이 있다. 벼룩과 이도 뒷날개가 없고 오히려 날 수 있는 종류를 찾는 게 더 어렵다.

날개가 있으면 편리하다. 먹이를 구하러 자유롭게 다닐 수도 있고 적과 마주쳤을 때 도망치기도 쉽다. 암수가 만나는 데에도 날개가 있어야 더 유리하다. 그런 이점 때문에 곤충이 오늘날 이렇게 번창할 수 있었던 것이기도 하다. 그런데 무엇 때문에 그것을 버리면서까지 그들은 '날 수 없는' 존재가 된 것일까? 날지 못해 얻을 수 있는 이점은 무엇일까?

벌 중에서 날개가 없는 대표적인 곤충은 개미다. 개미가 벌의 일종이라는 사실을 학생들은 좀처럼 믿으려 하지 않는다. 그러나 개미의 몸을 잘 관찰해 보면 벌과 비슷하게 생겼다는 걸 알 수 있다. 여왕개미는 평생에 딱 한 번 혼인비행을 하는데, 이것도 개미의 조상이 벌이었음을 나타내는 흔적이라 볼 수 있다.

혼인비행을 끝낸 여왕개미는 땅에 내려앉자마자 날개가 떨어진다.

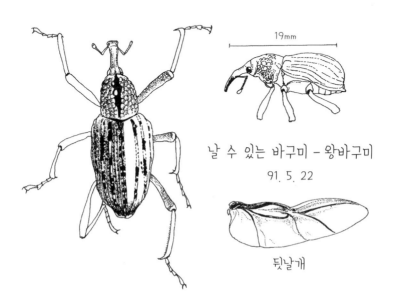

19mm

날 수 있는 바구미 - 왕바구미
91. 5. 22

뒷날개

그리고 맨처음 낳는 일개미를 키우기 위해, 날 때 사용한 근육을 영양분으로 바꾼다. 날기 위한 근육을 일개미를 기르는 데 필요한 영양분으로 바꾸는 것이다. 난다는 것은 날개만 있으면 되는 것이 아니다. 날기 위해서는 근육도 필요하다. 그리고 그 점이 중요하다.

새의 가슴근육 이용법

새는 나는 생물의 대표자다. 새가 날아오르는 데에는 날개 이외에도 또 하나의 비밀이 있다. 새의 골격을 보면 가슴뼈가 몸 아래쪽에 판 모양으로 튀어나와 붙어 있는 것을 알 수 있다. 가슴뼈는 나는 데 필요한 근육을 붙여 두는 부분이다. 이른바 가슴근육이라고 부르는 이 부분이 있기 때문에 새들은 날갯짓을 할 수 있다.

그런데 새 중에도 날 수 없는 종류가 있다. 이 또한 호기심을 갖게 한다. 옛날 뉴질랜드에 살던 '모아'라는 이름의 날 수 없는 거대한 새의 골격을 본 적이 있다. 이 거대한 새는 가슴뼈가 앞으로 튀어나오지 않아 당연히 붙어 있어야 할 가슴근육이 없었다.

9mm

이시이가 근처 숲에서 찾은
가시개미

91. 12. 16

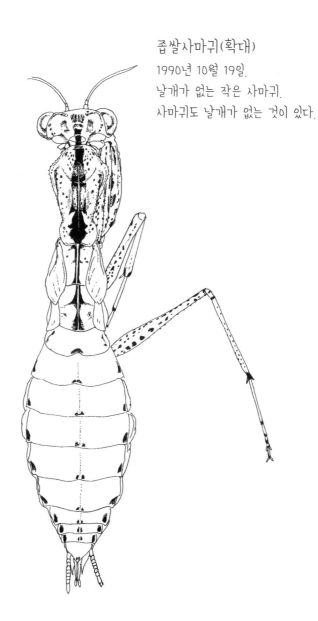

좁쌀사마귀(확대)
1990년 10월 19일.
날개가 없는 작은 사마귀.
사마귀도 날개가 없는 것이 있다.

올빼미 골격 (상반신)

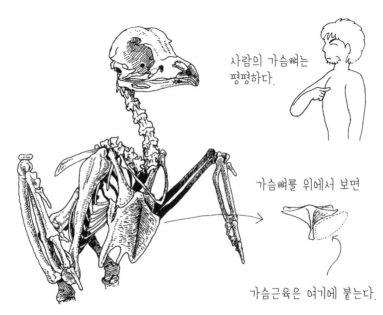

사람의 가슴뼈는
평평하다.

가슴뼈를 위에서 보면

가슴근육은 여기에 붙는다.

새의 가슴뼈는 중앙이 튀어나와 있고
여기에 날기 위한 근육이 붙는다.

동물의 귀뼈에서 진화의 역사를 느끼듯이 튀어나온 새의 가슴뼈를 보면 날아오르는 새의 힘을 느낄 수 있다.

새와 마찬가지로 곤충에게도 날기 위한 근육이 필요한데 만약 날지 않는다면 여기에 소비되는 영양을 다른 곳에 쓸 수 있다. 바로 그 점이 날 수 없는 곤충의 이점이 아닐까.

날 수 없는 곤충 중에는 암컷이 날지 못하는 경우가 많다. 바퀴의 한 종류인 집바퀴의 경우 수컷은 날 수 있지만 암컷은 날개가 짧아 날지 못한다. 또 애둥글바퀴의 경우 수컷은 일반적인 바퀴 모습이지만 암컷은 대부분 공벌레처럼 생겼다. 또 나방 중에서는, 도롱이벌레라고 하는 도롱이나방의 애벌레가 자라나는 걸 보면 수컷은 날개가 있는 멋진 어른벌레가 되지만 암컷은 애벌레일 때의 모습 그대로 일생을 마친다. 결론적으로 암컷은 가슴근육의 영양분을 알로 보내기 위해 날개를 포기하는 것이라 생각할 수 있다.

암컷, 수컷 모두 날 수 없는 경우도 물론 있다. 생활 속에서 날개를 많이 사용하지 않아도 되는 경우, 또 가슴근육을 다른 걸로 바꾸어 쓰는 것이 암수 모두에게 유리한 경우에 그러하다. 사쓰마바퀴같

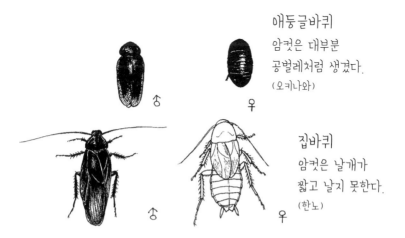

애둥글바퀴
암컷은 대부분
공벌레처럼 생겼다.
(오키나와)

송

우

집바퀴
암컷은 날개가
짧고 날지 못한다.
(한노)

송

우

이 재빠르게 땅 위를 왔다 갔다 하고 틈새를 비집고 들어가는 생활에서는 날개가 없어도 불편하지 않을 것이다.

수수께끼는 수수께끼를 낳는다

커다란 새 모아는 섬 새다. 날지 못하는 것으로 유명한 키위나 도도 역시 섬에서 사는 새다. 천적이 없는 섬에서는 날지 못해도 살아갈 수 있기 때문에 그들은 그렇게 진화하였다. 그런 면에서 타조는 날 수 없는 새 중에서도 가장 특이한 경우다. 몸집이 커지면서 천적과 싸워 이길 수 있게 된 것일까.

마찬가지로 섬에서 날 수 없는 곤충도 자주 볼 수 있다. 천적이 있고 없음의 측면에서 생각하면 섬이라는 제한된 공간에서는 비행 능력이 필요 없을 뿐만 아니라 오히려 방해가 될지도 모른다는 추측도 있다. 즉 어설프게 날다가 바람에 날려 바다에 떨어지느니 없는 편이 낫다는 것이다.

날지 못하여 얻을 수 있는 이점은 분명히 있다. 날개의 퇴화는 그

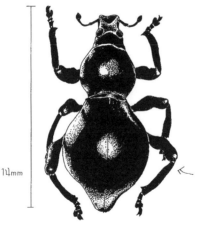

검정딱딱바구미
이름대로 날개가 굉장히
딱딱하다. 너무 딱딱해서
새도 먹지 않는다.

14mm

← 뒷날개는 퇴화하여
날지 못한다.

런 점에서는 멋진 진화다. 그러나 한편으로는 천적에게서 도망치거나 교미 상대를 만나거나 먹이를 찾으러 다닐 때 낡으로써 가질 수 있었던 이점을 모두 포기한 것이기도 하다.

그러면 두 바구미들은 그 점을 어떻게 해결하고 있는 걸까? 천적에 대해서는 딱딱한 몸으로 방어를 한다고 생각할 수 있지만 그 밖의 문제들에 대해서는 내가 키우고 있는 바구미들을 아무리 관찰해도 답을 얻을 수 없었다. 감이 잡히지도 않았다. 그렇다면 밖에서 살고 있는 바구미를 관찰하는 수밖에 없다.

그리고 또 하나의 의문점. 여름방학 때 친구들과 함께 하치조 섬으로 캠프를 갔는데 거기서 이상한 사슴벌레를 보았다. 뒷날개는 있지만 나는 모습은 거의 볼 수 없었다. 이들의 조상은 육지에 사는 '날 수 있는 톱사슴벌레'이다. 그런데 섬에 와 살면서 날 수 없게 되었다.

하치조 섬에서 곤충들을 유심히 관찰한 결과 이가라시가 가져왔던 날 수 없는 애둥근혹바구미도 발견했다. 날 수 없는 곤충이 어떻게 여기까지 왔을까? 이것은 사슴벌레와는 달리 섬에 건너오기 전부터 날 수 없었을 텐데. 사슴벌레는 애벌레가 썩은 나무를 타고 흘러들어

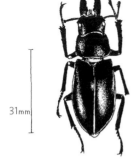

31mm

하치조톱사슴벌레는 '날지 못하고'
'수액에 모여들지 않고' '빛에 모여들지 않는'
독특한 사슴벌레다. 언뜻 보기에는
본토에 있는 톱사슴벌레와 원치형이라는
점은 비슷하지만 성질은 제법 다르다.
이시이와 캠프를 하면서 주웠다.

※원치형이란 사슴벌레(♂)의 큰턱의 유형을
나타내는 용어. 발달이 나쁜 큰턱을 말한다.

왔다고 짐작해 볼 수 있겠지만.

언제 어떻게 섬으로 건너왔을까

애둥근흑바구미의 애벌레는 주로 어떤 곳에서 살까? 해류를 타고 흘러들어 올 수도 있을까? 그런 문제에 자꾸만 신경이 쓰였다.

하치조 섬에서 개구리를 발견했을 때는 깜짝 놀랐다.

"이런 바다 한가운데 섬에 어떻게 개구리가 있을 수 있지?"

알아보았더니 그것은 누군가 들고 들어온 것이었다. 하치조 섬에는 살무사도 살고 있었다.

"알고 있어. 딱 한 번 본 적이 있거든. 그런데 섬에 족제비를 갖다 둔 후 많이 줄어들었다고 학교에서 배웠어."

하치조 섬에서 살았던 치오가 말했다.

살무사를 꼭 한번 보고 싶은데 아직까지 마주친 적이 없다. 도대체 살무사는 이런 바다 한가운데 섬에 어떻게 온 것일까? 저런 독사를 일부러 가져와 풀어놓는 정신 나간 사람이 있을 리도 없을 텐데 말이

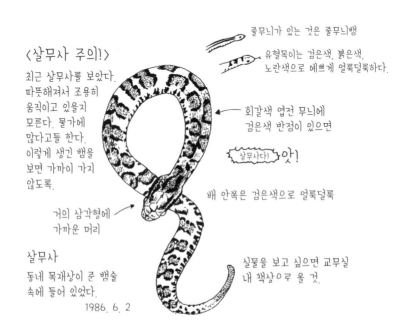

〈살무사 주의!〉
최근 살무사를 보았다. 따뜻해져서 조용히 움직이고 있을지 모른다. 물가에 많다고들 한다. 이렇게 생긴 뱀을 보면 가까이 가지 않도록.

거의 삼각형에 가까운 머리

살무사
동네 목재상이 준 뱀술 속에 들어 있었다.
1986. 6. 2

줄무늬가 있는 것은 줄무늬뱀

유혈목이는 검은색, 붉은색, 노란색으로 예쁘게 얼룩덜룩하다.

회갈색 엽전 무늬에 검은색 반점이 있으면

살무사다! 앗!

배 안쪽은 검은색으로 얼룩덜룩

실물을 보고 싶으면 교무실 내 책상으로 올 것.

다. 나만 해도 하치조 섬이 아닌 곳에서 살무사를 마주치는 일은 꿈도 꾸기 싫으니까.

빙하기에 해수면이 낮아졌을 때 대륙에서 건너왔을 것이라고 생각하는 학자도 있다. 물론 해류를 타고 건너온 것으로 추측한다. 그러나 지질학자들은 하치조 섬이 땅속에서 분출한 화산섬이라 대륙과 이어졌던 적이 없다고 주장하고 있다.

이 두 가지 주장을 들으면 이제는 내 눈으로 직접 사실을 확인하고 싶어진다. 하치조 섬의 살무사와 바구미를 잡아서 "너 어디서 왔니?"라고 물어보고 싶다.

또 하나의 연상 게임

그렇다. 혹바구미는 예전에는 그저 이름 정도만 알고 있던 곤충이었다. 그런 것이 날개가 펴지지 않는다며 이가라시가 들고 오는 바람에 흥미로운 곤충이 되었다. 의문은 새로운 의문을 낳고 서서히 다른 생물과 연관성을 갖기 시작한다. 이것은 일종의 연상 게임이다.

맴돌이거저리의 일종   루이스줄비단벌레   팔자줄긴수염하늘소   큰꼬마사슴벌레

애둥근혹바구미

하치조 섬의 곤충들
이 곤충들은 이 섬에 어떻게 온 것일까?

또 하나의 연상 게임이 이상한 데서 시작되었다. 대벌레라는 곤충을 알고 있는가? 나뭇가지처럼 생긴 가늘고 긴 곤충. 학생들에게 물어보면 비교적 이름은 많이 알고 있지만 실제로 본 적은 없다고 한다. 이곳 한노에는 대벌레가 꽤 많이 살고 있는데도 말이다.

봄날 실처럼 가는 다리로 다기지게 움직이는 대벌레는 잡목림의 나뭇잎을 먹고 자라 여름에 어른벌레가 된다.

게으름뱅이인 내가 곤충을 키우는 것은 곤충 표본 만들기만큼이나, 아니, 그 이상으로 어설프다. 그러나 대벌레는 며칠에 한 번 나뭇잎을 가지째 바꾸어 주는 것만으로도 충분히 키울 수 있다. 그렇지만 그다지 움직이지도 않고 가끔 나뭇잎을 먹고 가끔 배설하는 것이 다인 이 곤충은 키워도 별로 재미가 없다.

야스마츠라는 곤충학자가 대벌레의 하루를 쫓아 기록한 것이 있다.

24시간의 기록에는 '먹는다'와 '배설한다'라는 말밖에 나오지 않는다. 그리고 그 사이사이에 '졸음이 밀려왔다'라는 문장이 끼여 있다. 움직이지 않는 곤충을 관찰하는 것은 매우 힘든 일이다. 대벌레는 졸릴 만큼 지루한 곤충이다.

대벌레의 애벌레
잡목림에서 자주 볼 수 있다.

※어떤 이유인지
오른쪽 앞다리가
없다.

-90. 5. 23

대벌레, 알을 낳다

대벌레는 이처럼 재미있는 곤충은 아니지만 나에게는 '키울 수 있다'는 자신감을 주는 곤충이다.

다음은 나의 대벌레 사육 일지이다.

6월 15일, 대벌레의 애벌레를 잡아 '대타로'라는 이름을 붙여주고 돌보기 시작했다(돌본다고는 해도 먹이만 바꿔 주었을 뿐이다). 먹이로 서어나무, 졸참나무. 팽나무 잎을 주었다. 몸길이 53㎜의 이 애벌레는 4일 후에 탈피하여 64㎜가 되었다.

7월 3일, 탈피를 하여 어른벌레가 되었다. 그렇지만 애벌레일 때와 다를 바가 없다. 대벌레는 애벌레와 어른벌레가 똑같이 생겼다. 몸길이가 90㎜가 되었다. 어른벌레가 되기 조금 전 하루 동안의 배설물을 세어 보니 65개였다. 배설물을 세는 정도밖에 할 일이 없다.

7월 13일, 대타로가 축 늘어졌다. 사육함을 창가에 방치해 둔 것이 실수였다. 아, 나는 대벌레도 못 키우는 남자다……. 서둘러 잎을 바꿔 주고 물을 뿌리고 그늘로 옮겼다.

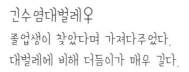
긴수염대벌레우
졸업생이 찾았다며 가져다주었다.
대벌레에 비해 더듬이가 매우 길다.

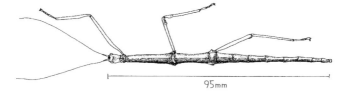
95mm

7월 30일, 다음 날부터 여행을 가야 하기 때문에 대벌레를 밖에 풀어 주었다.

여기까지는 그저 평범한 사육 일지다. 그런데 대타로를 풀어 주는 날 중대한 사건이 일어나고 있음을 깨달았다. 언제부턴가 대타로가 알을 낳고 있었던 것이다. 알을 낳는다면 이 대벌레는 암컷이다. 이름을 '대순이'로 바꿨다.

이 사건의 중요함을 한참 동안 깨닫지 못했다. 대벌레의 알은 조금 독특하다. 알이라기보다는 무슨 식물의 씨처럼 생겼다. 나는 대벌레를 풀어 주는 날까지 배설물과 알을 분간하지 못했다(즉 그날까지 청소를 하지 않았다는 얘기다).

그러나 문제는, 위의 대벌레 사육 일지에서 알 수 있듯이 애벌레일 때 잡아 계속 그 한 마리만 키웠다는 점이다. 그러면 암컷 혼자서 알을 낳았다는 이야기인데…….

그것이 문제였다.

고향 사람과 이야기를 나누다가 대벌레가
독이 있다고 믿는 사람이 있다는 것을 알았다.
역시 대벌레도 미움받는 곤충인 것 같다.

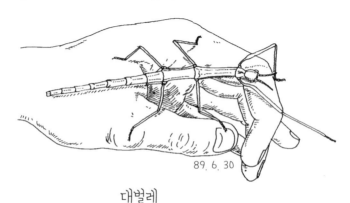

89. 6. 30

대벌레

암컷과 수컷이 존재하는 이유

"그렇지만 닭도 암컷 혼자서 알을 낳잖아요."

"우리 십자매도 암컷인데 혼자서 알을 낳아요."

수업 중에 대벌레 이야기를 했더니 아이들은 이렇게 대답했다.

"그 알들이 부화했니?"

"부화는 안 했어요. 혹시 무정란이라는 거 아니에요?"

그 말에 아이들 모두 고개를 끄덕였다.

"그런데 대벌레는 제대로 새끼가 나왔어."

내 말에 아이들은 갑자기 웅성거렸다.

"알았어요. 선생님이 잡아 오기 전에 교미했던 거예요."

"애벌레일 때 잡아 왔다잖아. 그럼 암수한몸인가?"

암수한몸이라는 말에 모두가 수긍한다.

"그런데 좀 다른걸?"

지렁이나 달팽이같이 암수한몸인 동물도 물론 있다. 그러나 그들도 교미는 한다. 즉 다른 개체와 교미를 하고 정자를 서로 교환하여

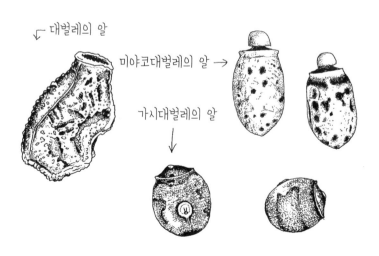

대벌레의 알

미야코대벌레의 알 →

가시대벌레의 알

수정하는 것이다.

"이 녀석은 줄곧 혼자 자랐으니까 그것도 아니야."

대벌레는 암수한몸이 아니다. 대벌레는 정말로 암컷 혼자서 알을 낳은 것이다. 즉 야외에서 볼 수 있는 대벌레는 모두 암컷이라는 얘기다.

"네? 암컷밖에 없다니요?"

"어떻게 그럴 수가 있어요?"

학생들의 의문은 당연하다.

일본에 사는 대벌레에는 여러 종류가 있다. 그리고 그중에는 평범하게 암컷과 수컷이 있는 것도 있다. 예를 들어 긴수염대벌레의 경우, 암컷과 수컷이 존재하고 암컷이 수컷보다 훨씬 크다. 그래서 슬쩍 보기만 해도 암컷인지 수컷인지 쉽게 가려낼 수 있다. 그리고 대벌레도 예외적으로 수컷이 출현하기도 한다.

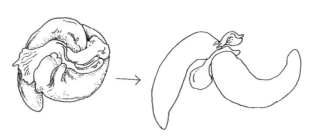

민달팽이의 교미
민달팽이는 달팽이와 같이 암수한몸이다.
단 교미를 하고 서로의 정자를 교환한다.
왼쪽 그림은 卍자 모양으로 얽혀 있는 상태.
이것을 풀면 오른쪽 그림처럼 머리를 맞대고 있음을 알 수 있다.

1993. 7. 30

진화하면 수컷은 사라진다?

일본에는 14종의 대벌레가 있다. 그중에 암컷, 수컷 모두 있는 것이 9종이고 나머지 대벌레들은 암컷만 있다. 또 암수 모두 있는 것 중에서도 북쪽에 분포하고 있는 것은 수컷 없이 혼자 알을 낳아 부화시키기도 한다. 암컷 혼자 알을 낳는 것이 2종, 암컷 혼자 알을 낳고 부화시키는 것이 1종이다.

대벌레도 보통의 곤충처럼 본래는 암수 양성이 있었지만 몇몇 종류는 조건(예를 들어 북쪽 지방에 분포한다든가)에 따라 암컷으로 진화한 것 같다.

대벌레 가운데서 때때로 수컷을 볼 수 있는 것은 옛날에는 대벌레도 수컷이 있었다는 증거이다(그러므로 예외라는 것은 중요하다). 이른바 조상 회귀적 출현이라고 말할 수 있다.

"진화해서 암컷만 남았다고요?"

"인간도 진화하면 남자가 사라질까요?"

아이들의 표정이 조금 굳어졌다.

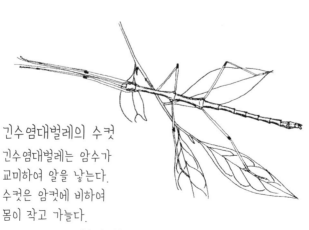

긴수염대벌레의 수컷
긴수염대벌레는 암수가
교미하여 알을 낳는다.
수컷은 암컷에 비하여
몸이 작고 가늘다.
91. 8. 11

"암컷 혼자서 새끼를 낳고 자손을 퍼뜨릴 수 있다면 왜 수컷이 있을까?"

대벌레가 던져 준 또 하나의 의문점이었다.

연애가 전부는 아니다

학생들에게 대벌레 이야기를 하기 전에 암컷과 수컷이 존재하는 의미에 대해 생각해 보도록 했다.

"암컷은 알과 새끼를 낳아요."

암컷에 대해서는 대답이 척척 나온다.

"그러면 수컷은?"

"외부로부터 새끼를 지키는 것 아닐까요?"

"낳기만 하고 도망가는 것도 있어."

"무슨 소리야? 알을 낳을 때 수컷이 있어야 알을 낳을 수 있어."

이야기는 이렇게 전개된다. 수컷이 있어야 알을 낳을 수 있다……. 그러나 대벌레는 암컷 혼자서 충분히 새끼를 낳는다. 그렇다면 수컷

쓰다대벌레의 애벌레(확대)

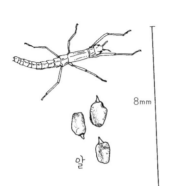

8mm

알

야에야마쓰다대벌레의 알

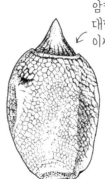

암컷 혼자 새끼를 낳는다. 대학교 연구원이 이시이에게 준 것이다.

은 불필요한 존재일까?

"암컷 혼자 새끼를 낳는다면 편리한 점은 뭘까?"

"낳고 싶을 때 낳을 수 있어요. 수컷이 필요 없으니까요."

"암컷 혼자서 새끼를 낳을 수 있다면 어디에 가도 혼자서 종족을 퍼뜨릴 수 있겠지요."

"사랑의 쟁탈전도 없을 거예요. 수컷끼리 싸우거나 암컷끼리 싸우는 일이 없으니까요."

좋은 점이 이렇게 많지만 그래도 역시 이상하다. 사람을 포함한 대부분이 암컷과 수컷이 있기에 암컷만 있는 것에 아무리 이점이 많다 해도 이상하게 생각된다. 그렇다면 수컷이 있어 좋은 점은 도대체 무엇일까?

"새끼를 함께 키울 수 있다는 거겠죠."

"암컷 혼자서는 연애를 할 수 없어요. 멋진 사랑을 할 수 없는 거죠."

사랑을 할 수 없다는 점만큼은 모두가 묘하게 공감한다. 하지만 수컷이 존재하는 중요한 이유가 그것만은 아니라는 것을 아이들도 역시 알고 있다.

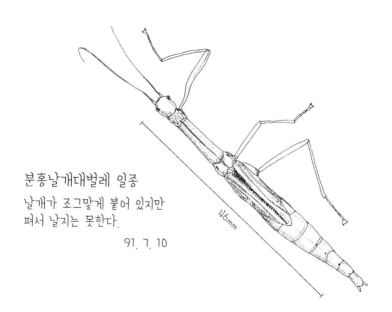

분홍날개대벌레 일종
날개가 조그맣게 붙어 있지만
펴서 날지는 못한다.

91. 7. 10

46mm

"암컷 혼자 새끼를 낳으면 어떻게 될까?"

"암컷 혼자 낳는다면 아이들은 모두 엄마 유전자가 그대로 복제될 거예요."

유전자 복제란 무엇일까? 그리고 복제가 되면 어떤 문제가 있을까?

대발견

암컷과 수컷이 있는 동물들은 정자의 유전자와 난자의 유전자가 섞여서 자손의 유전자가 형성된다. 한편 암컷 혼자서 새끼를 낳으면 아이들은 엄마에게서만 유전자를 받을 것이다. 즉 유전적으로 엄마와 똑같다는 이야기다. 그것이 이른바 '복제 동물'이다.

"만일 사람도 암컷 혼자 생식한다면……."

"아이들이 모두 엄마랑 똑같이 생겼겠다."

"으아, 징그러워."

"그러면……."

"그러면요?"

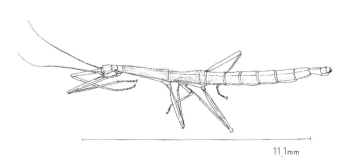

11.1mm

미야코대벌레(미야코 섬)

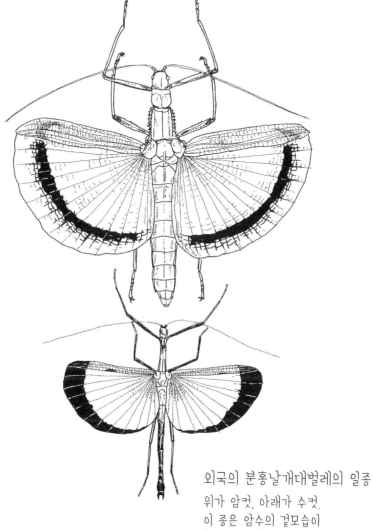

외국의 분홍날개대벌레의 일종
위가 암컷, 아래가 수컷.
이 종은 암수의 겉모습이
확연하게 다르다.

"복제라면 다른 성질도 똑같겠지? 즉 그 얘기는, 엄마가 어떤 병에 약하면 아이들도 그 병에 똑같이 약하다는 것이고 만일 그 병이 유행하게 되면 멸종되어 버릴 수 있다는 뜻이지."

"그렇구나!"

"그러면 다시, 수컷이 있는 이유는 뭘까?"

"복제가 되지 않게 하는 것이요!"

나와 아이들이 생각한 수컷의 존재 이유는 바로 이것이었다. 즉 자손의 유전자를 다양하게 만들어 어떤 상황에서도 한 가지 요인 때문에 멸종되지 않게 하기 위한 것.

"게다가 복제가 되면 진화도 일어나지 않을 거예요."

누군가 이렇게 말했다.

암컷, 수컷 모두 있어야 새끼를 만들 수 있다면 분명 번거로운 일이기는 하다. 귀뚜라미가 우는 것은 암컷을 유혹하기 위해서인데, 울음소리는 종에 따라 다 다르다. 같은 종의 암컷을 유혹하지 못하면 아무 의미가 없기 때문이다. 암컷을 만나 혼인춤을 추는 동물도 있고 암컷에게 선물을 하는 동물도 있다.

혹대벌레
오키나와에 산다.

이가라시가 수학여행
갔을 때 발견했다.

내가 수학여행을
인솔하던 중 발견했다.

우

송

그러나 그런 번거로운 과정을 거쳐 그들은 더욱 좋은 것을 얻을 수 있다. 그렇기 때문에 대벌레 입장에서 보면 그다지 중요하지 않은 수컷이 훌륭하게 존재해 왔던 것이다.

나는 너무나 당연하게 생각해서 궁금하지 않았던 수컷의 존재 이유를 대벌레를 통해 알게 되었다. 그건 아무 생각 없이 사육했던 대벌레를 통해 얻은 큰 수확이었다.

무네치카의 기발한 발상

"어쩌면……."

무네치카가 재미있는 말을 하여 대벌레의 암컷, 수컷 수업을 멋지게 마무리했다.

"대벌레는 암컷 세 마리만 나왔지요? 그렇다면 몇 십 년에 한 번 수컷이 우르르 태어나 그때 유전자를 교환하지 않을까요?"

이 말에 머릿속이 번쩍했다. 아주 흥미로운 생각이 아닌가.

"그건 대나무도 마찬가지네. 계속 뿌리만 늘리다가 몇 십 년에 한

아마미대벌레 애벌레
미야코 섬에서

번 꽃을 피우잖아."

분명 무네치카가 말한 대로다. 어쩌면 대벌레도 그럴지 모른다. 무네치카가 말한 방법으로 번식하는 곤충이 실제로 있는데 그것은 바로 진디다.

"물푸레면충이 뭐예요?"

"그건 날개가 있는 진디야."

이런 대화를 나누었던 적도 있고 날개가 달린 진디를 가지고 온 아이도 있었다.

"이거 나방의 일종이에요?"

사람들은 진디가 식물에 달라붙어 수액을 빨아먹으며 사는 곤충이지 날아다니는 곤충은 아니라고 생각한다. 그러나 날개가 달린 진디도 있다.

가을에는 날개가 있는 진디가 태어나는데 이 사실은 잘 알려지지 않았다. 진디는 봄부터 가을 동안은 암컷만 있다. 식물에 들러붙어 날개가 없는 새끼를 차례차례 낳아서 늘린다.

그러다 가을이 되면 날개가 있는 암컷과 수컷이 교미하여 유전자

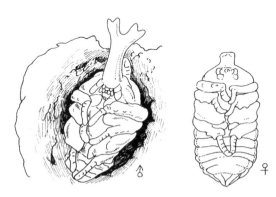

장수풍뎅이의 번데기
장수풍뎅이는 번데기 때부터 암수가
확실히 구분된다.

를 교환하고 알을 낳는다. 이 알에서는 진디의 유전자가 바뀌어서 태어나 또 암컷 혼자 새끼를 늘려 가는 방법을 반복한다. 진디는 암컷 혼자 새끼를 낳는 방법과 암수 함께 새끼를 낳는 방법의 좋은 점을 조합하여 골고루 이용한다. 1년이라는 주기이기는 하지만 이 방법은 무네치카의 생각 그대로이다.

그래서일까, 무당벌레가 아무리 진디를 잡아먹어도 진디는 줄지 않는 것 같다. 언뜻 보기에는 무척이나 약해 보이는 생물인데 말이다.

그리고 보면 진디도 이상한 곤충이다. 한 마리 한 마리의 수명은 짧지만 1년을 단위로 몇 세대의 진디가 '날개 없는 암컷', '날개 있는 암컷과 수컷'을 반복하고 있다.

여름, 하치조 섬과 미야케 섬

진디는 암컷과 수컷이 함께 알을 낳는 방법과 암컷 혼자 새끼를 낳는 방법을 1년 동안 번갈아 이용한다. 이 방법에 비하여 대벌레가 한 가지 방법으로 새끼를 낳는 것은 꽤 지조가 있어 보인다.

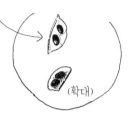

잇코가 가져온 물벼룩의 휴면란. 물벼룩은 환경이 나빠지면 수컷이 출현하여 휴면란을 낳는다. 조건이 좋아지면 암컷 혼자 생식한다.

(확대)

집에서 물벼룩 세 종류와 송사리, 그 밖의 생물 1,000마리를 키우고 있는 물벼룩 소년

잇코
"물벼룩을 먹어 본 적이 있는데 맛은 아무 맛도 없었어요. 톡톡 터지는 느낌일 거라고 생각했는데."

학교에서 하치조 섬으로 캠프를 갔을 때도 우리는 대벌레 찾기 작전을 벌였다. 이 섬에는 두 종류의 대벌레가 있는데 그중 하나는 옛날부터 이 섬에 살고 있던 암컷, 수컷이 함께 새끼를 낳는 하치조대벌레이다. 애벌레를 집으로 가지고 와 키워 보았는데 어른벌레가 되어 죽을 때까지 알을 낳지 못했다. 역시 이 대벌레는 한 마리만으로는 알을 낳지 못한다.

또 한 종은 관엽식물과 함께 섬에 귀화한 것으로 추정되는 가시대벌레로 암컷 혼자 새끼를 낳는다. 가시대벌레 역시 집으로 가지고 왔지만 잘 돌봐 주지 못해서 바로 죽어 버렸다(결국 나는 대벌레를 사육할 수 없는 것이다). 그러나 함께 가시대벌레를 가지고 돌아온 이시이는 8월 30일에 가져와 이듬해 1월 11일 어른벌레가 죽을 때까지 꾸준히 키웠다. 그동안 암컷 한 마리가 약 119개의 알을 낳았다고 했다. 대벌레는 오랜 기간 동안 알을 줄줄이 낳는다.

하치조 섬에서는 하지조대벌레보다 가시대벌레가 더 눈에 잘 띄었다. 귀화종인 가시대벌레는 끊임없이 알을 낳을 수 있기 때문에 한 마리로도 크게 번창하고 있는 것 같았다.

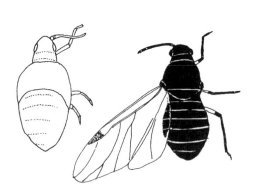

때죽납작진디와
날개가 있는 어른벌레

이시이는 1991년 미야케 섬으로 캠프를 가서도 가시대벌레를 찾아내었다. 그때까지 미야케 섬에서 대벌레가 알을 낳는다는 기록을 본 일이 없었기 때문에 깜짝 놀랐다. 처음에 그가 가시대벌레를 찾아 보자고 말했을 때 나는 이 섬에는 없다고 잘라 말했다.

그러나 이시이는 바로 가시대벌레의 사체를 주워 왔다. 이시이의 집념에 경의를 표한다.

그는 결국 총 34마리의 사체를 찾았다. 그리고 그 후 1993년에는 이시이의 동생이 미야케 섬에 캠프를 갔다가 가시대벌레의 사체 하나를 찾았다.

막다른 골목

그러나 미야케 섬에는 아직 하치조 섬만큼의 가시대벌레가 살고 있지는 않는 것 같다. 그러나 앞으로 그 수가 어떻게 변화할까. 사쓰마바퀴도 하치조 섬에만 있다고 생각했지만 1991년에는 이시이가 미야케 섬 캠프에서 한 마리를 발견해 나를 거듭 놀라게 하더니 1993년

하치조대벌레

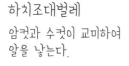

암컷과 수컷이 교미하여 알을 낳는다.

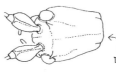

머리에는 뿔 한 쌍이 있다.

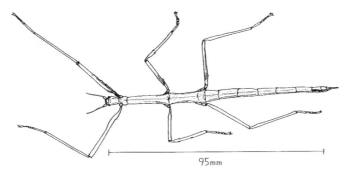

95mm

에는 꽤 자주 볼 수 있게 되었다.

　가시대벌레와 사쓰마바퀴가 과연 언제부터 미야케 섬에 정착해 기록에 남게 되었는지는 정확히 모른다. 어떤 자료를 뒤져 보아도 하치조 섬에만 분포하는 것으로 나와 있고 미야케 섬은 언급되어 있지 않다.

　그렇다면 사람들이 오르내리는 여객선 화물에 섞여 미야케 섬으로 들어가게 된 것일까? 가시대벌레의 경우는 화물에 섞여 들어갔다기보다는 알이 식물에 붙어 들어간 것 같다. 어찌 되었든 다른 곳으로 옮겨졌을 때는 '암컷 혼자 새끼를 낳는 방법'이 유리한 것임에 틀림없다.

　전갈, 도마뱀붙이, 장님뱀같이 곤충이 아닌 동물들도 '암컷 혼자 새끼를 낳는 방법'을 이용하는 경우가 있다. 이 중 장님뱀은 오키나와 등 남부 지역에 분포하며 세계적으로 열대 지역에서 사는 동물이다. 몸길이가 10㎝ 정도밖에 되지 않아 얼핏 봐서는 뱀보다는 지렁이 같은 장님뱀은 크기가 작기도 하지만 땅속에서 살기 때문에 식물에 붙어 다른 곳으로 옮겨지기 쉽다. 그리고 이들은 혼자 생식할 수 있어

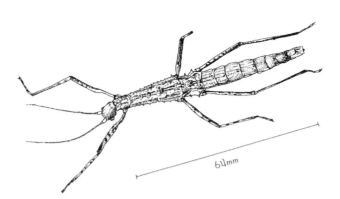

가시대벌레(하치조 섬)
암컷 혼자 새끼를 늘리는 단위생식을
하는 대벌레

옮겨진 장소에서도 거뜬히 살아간다.

이렇게 여러 종의 동물이 암컷 혼자 생식한다는 것은 동물들이 종마다 각각 독립적으로 진화하여 왔다는 것을 의미한다. 그러나 언뜻 편리해 보이는 이 방법도 앞에서 말했듯이 결점이 있다. 당장은 좋지만 새로운 환경을 만났을 때 어떻게 될지 알 수 없다는 것이다.

진디의 방법과 비교해 언뜻 세련되어 보이는 이 대벌레의 방법은 생각해 보면 막다른 골목에 서 있는 것과 같다.

연상 게임의 키워드

수컷이 있는 이유는 다음 세대의 유전자를 더욱 다양하게 하여 상황이 어떻게 변하더라도 하나의 요인으로는 멸종되지 않도록 하기 위해서라고 말했다.

그러나 생물들이 이런 생각을 하며 수컷을 만들어 내는 것은 아니다. 암컷 혼자 새끼를 낳을 수 있도록 진화한 것도 먼 미래까지 생각해서 그렇게 된 것은 아니다. 대벌레 이외에도 암컷 혼자 새끼를 낳

오가사와라도마뱀붙이와 알
원래 이곳에 살던 고유종이
아니라 알이 식물에 붙어
옮겨지면서 정착하였다.

는 몇몇 동물들, 이들의 장래는 지금 당장은 모른다.

또 지금은 존재하지 않지만 암컷 혼자 새끼를 낳는 동물들이 과거에는 지금보다 더 있었을지도 모른다. 그들이 변화하는 환경에 적응하지 못하고 멸종되었을 수도 있다. 다시 말해 생물들은 '생각하고' 수컷을 만들어 낸 것이 아니라 '결과적으로' 수컷이 있는 생물들이 살아남아 현재까지 진화의 역사를 이어 온 것이라 생각할 수 있다.

현재 존재하는 생물은 모두 그들의 역사를 등에 지고 있다. 그들이 앞으로도 그 역사를 계속 이어 간다고 장담할 수는 없다. 역사가 끊어져 버린 생물은 이전에도 많았다. 암컷 혼자 새끼를 낳는 대벌레의 미래를 생각하면 나는 진디의 조금 복잡하고 까다로운 방법이 결과적으로 장래에 대한 보험이 된 것이라 생각한다.

모든 생물은 '지금'을 살아가면서 그 결과로 '미래'의 역사를 만들어 간다. 그러니 지금 눈앞에 존재하는 생물들은 모두 오랜 세월 동안 역사를 쌓아 온 존재들이다.

귓속의 작은 뼈에도 진화의 역사는 기록되어 있다. 대벌레의 산란, 바구미의 날개에도 진화의 역사는 숨어 있다. 연상 게임의 키워드는

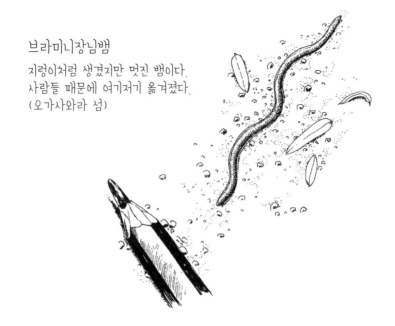

브라미니장님뱀
지렁이처럼 생겼지만 멋진 뱀이다.
사람들 때문에 여기저기 옮겨졌다.
(오가사와라 섬)

'진화'이다.

그것은 '왜 이 생물이 존재하는가'라는 물음이기도 하다. 그런 점에서 우리들이 사체를 줍는 이유와 곤충을 보고 즐거워하는 것은 전적으로 같은 맥락이라고 할 수 있다.

악마의 사절과 행복의 사절

다시 바퀴 이야기로 돌아가 보자. 바퀴는 일본에서뿐 아니라 외국에서도 미움을 받아 온 곤충이다. 영국에서는 바퀴를 '악마의 사절'이라고 부르기까지 한다. 한편 옛날 유럽에서는 무당벌레를 '행복의 사절'이라고 하며 재수가 좋은 곤충으로 생각했다 한다.

앞에서 나는 우리가 어떤 곤충에 관심을 갖는 이유는 그 곤충이 우리에게 '유익'하거나 '유해'하기 때문이라고 말했다. 그렇다면 무당벌레는 '해충'인 진디를 먹는 '익충'의 대표 주자이기 때문에 관심을 받는 곤충이라 할 수 있다.

바퀴 중에서 우리들에게 잘 알려진, 집에서 사는 바퀴 가운데는 먹

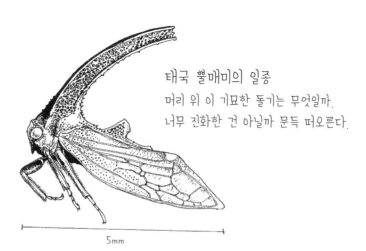

태국 뿔매미의 일종
머리 위 이 기묘한 돌기는 무엇일까.
너무 진화한 건 아닐까 문득 떠오른다.

5mm

바퀴나 독일바퀴처럼 다른 지역에서 유입된 외래종도 많다. 이들은 사람들의 왕래에 따라 어느새 일본에 들어와 살게 된 것들이다. 추운 홋카이도에는 원래 집 안이든 집 밖이든 바퀴가 전혀 없었지만 지금은 집 밖에서 여러 종류의 바퀴가 살고 있다. '악마의 사절' 바퀴는 초대받지도 않은 주제에 확실하게 자리 잡고 있는 것이다.

한편 '행복의 사절'인 무당벌레 중에는 일부러 외국에서 초대한 것도 있다. 귤의 해충 중에서 이세리아깍지벌레라는 것이 있다. 이 벌레는 원래 호주에서 볼 수 있었던 것인데 어느새 다른 여러 나라로 퍼져 초대받지 않은 손님으로 살고 있다. 사람들은 이들로부터 귤을 지키기 위해 호주에서 베달리아무당벌레를 들여왔다.

무당벌레의 쓴 액체

내가 열네 살 때 기록한 곤충채집 노트를 훌훌 넘겨 보았다. 1976년 7월 5일, 집 근처에서 베달리아무당벌레를 채집하였다. 이 곤충은 멀리 호주에서 우리 집까지 찾아왔던 것이다.

대벌레처럼 생긴 메뚜기
우연이 거듭되어 겉모습이 대벌레와
똑같은 메뚜기가 탄생하였다.
(에콰도르)

이런 걸 생각하면 생물은 진화 이외에도 다양한 역사를 가지고 있다는 것을 느낄 수 있다. 지금 눈앞에 있는 베달리아무당벌레는 왜, 그리고 어떻게 여기에 있는 것일까? 다른 예로 하치조 섬의 혹바구미는 어떻게 섬에 정착하게 된 것일까?

그들만의 역사를 모든 생물들은 가지고 있다. 그것은 진화와는 또 다른 흥미로운 화제를 우리들에게 제공해 준다.

다시 돌아가서(역시 나는 하던 이야기에서 벗어나는 것을 좋아한다. 연상 게임이란 것이 원래 주제에서 벗어나는 것일지도 모르지만.) 무당벌레는 익충, 바퀴는 해충이라는 이미지가 있다. 해를 주든 안 주든 상관없이 사람들은 갈색에 납작하고 왠지 징그러운, 게다가 기다란 수염이 달린 바퀴의 생김새를 무척 싫어한다(물론 나는 그렇지 않다). 이에 반해 무당벌레는 작고 둥그스름한 데다 빨간 바탕에 검은 반점이 점점이 찍혀 있는 것이 왠지 운치 있고 귀엽다. 실제로 무당벌레 모양의 브로치 액세서리도 볼 수 있는데 바퀴의 경우는 장난꾸러기 남자아이들이 여자아이들을 못살게 굴 때 쓰는 장난감으로나 만들어질 뿐이다.

무당벌레는 왜 매력적으로 생긴 것일까. 거기에는 우리가 상상하

아이들이 가져온 무당벌레들

이시이 동생이 잡아 온
달무리무당벌레

겐타가 호주에서 잡아 왔다.
무당벌레의 한 종류.

자주 볼 수 있는
칠성무당벌레는
너무 흔해서인지
잘 가져오지 않는다.

무당벌레는 학교 안에서
겨울을 난다.
음악실 천장에서도
볼 수 있다는데,
가끔씩 가져온다.

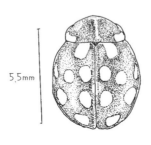

5.5mm

갈색 바탕에 흰 점

유럽무당벌레

6.5mm

같은 무당벌레라도 이십팔점박이무당벌레들은
가지 잎을 황폐하게 하여 해충으로 취급한다.

기 어려운 커다란 이유가 있다.

무당벌레를 괴롭혀 본 적이 있는가? 무당벌레를 못살게 굴면 몸에서 노란 액체를 내뿜는다.

"네, 본 적이 있어요."

"그거 굉장히 쓰단다."

"먹어 봤어요?"

나는 무당벌레가 내뿜는 액체의 맛을 본 일이 있다. 무당벌레를 괴롭혔을 때 나오는 액체는 정말로 쓰다. 그리고 그 액체가 바로 무당벌레의 매력적인 외모의 비밀이다.

살아 있는 자의 그늘에 죽은 자의 그림자

대벌레가 나뭇가지처럼 생긴 것은 적으로부터 자신을 지키기 위한 방책이다. 이런 위장술을 '의태'라고 한다.

너구리를 해부했을 때 위 속에서 딱정벌레, 꼽등이, 청솔귀뚜라미, 잠자리, 여치가 나왔었다. 너구리 배설물 속에서 줄사슴벌레의 일부

무당벌레와 바퀴

바퀴는 장난꾸러기 전용 장난감. 이에 반해 무당벌레 장난감은 사랑스럽다.

고무로 만든 바퀴벌레 가슴 뒤에 노란 선이 있는 걸로 보아서는 이질바퀴를 따라 만든 것 같다.

유리로 만든 무당벌레

은행 껍질로 만든 무당벌레. 다리와 머리가 움직인다.

를 꺼낸 일도 있다. 제비의 배설물을 실체현미경으로 보면 여러 곤충 조각들이 덩어리져 있는 것이 보인다. 너구리도 곤충을 먹지만 더 많이 먹는 것은 새다. 따라서 대벌레가 나뭇가지와 비슷한 것은 새의 눈을 속이기 위한 것이다.

그렇다면 무당벌레가 쓴 액체를 내뿜는 이유도 짐작할 수 있다. 새에게 먹히지 않기 위해서다. 그렇지만 새는 태어나면서부터 무당벌레가 쓰다는 것을 알지는 못할 것이다. 무당벌레를 먹어 보고 쓰다는 것을 경험하지 않으면 그게 맛없는 음식이라는 것을 알 수가 없다.

물론 무당벌레의 입장에서 새의 '시식'은 절대로 고마운 일이 아니다. 될 수 있는 한 한 번의 경험으로 자신들이 맛이 없음을 기억하기를 바란다(이런 생각을 하고 있을 리는 물론 없다).

그러기 위해서라면 무당벌레는 새들이 자신들을 더욱 확실히 기억하도록 해야 한다. 붉은 바탕에 검은 점이라는 무당벌레의 매력적인 의상은 새들에게 보내는 무당벌레들의 광고이다. 눈에 띄고 기억하기 쉽게 이런 화려한 외모를 가지게 된 것이다.

무당벌레가 이렇게 자기 몸을 광고하고 다니는데도 새에게 먹히지

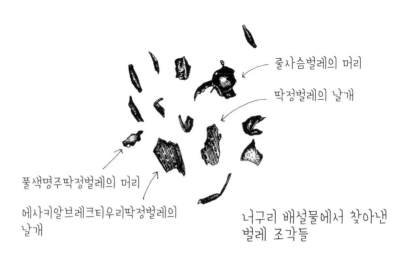

줄사슴벌레의 머리

딱정벌레의 날개

풀색명주딱정벌레의 머리

에사키알브레크티우리딱정벌레의
날개

너구리 배설물에서 찾아낸
벌레 조각들

않을 수 있는 건 새들이 이미 다른 무당벌레를 맛보고 그 붉은 바탕과 검은 점의 의미를 알고 있기 때문이다. 즉 새가 무당벌레 한 마리를 잡아먹으면 다른 무당벌레들은 살아남을 수 있다. 살아 있는 자의 그늘에는 반드시 죽은 자가 있다.

상상도 하지 못한 예술적 섬세함

새의 사체를 해부하다가 새에게 먹힌 무당벌레를 본 적이 딱 한 번 있다.

건물 유리창에 부딪혀서 죽은 검은지빠귀의 위 속에 무당벌레의 날개가 들어 있었다. 이것은 무당벌레 한 마리의 죽음이 다른 무당벌레를 위해 도움이 되지 않았음을 의미한다. 아니면 검은지빠귀는 무당벌레가 맛이 없는 것을 그다지 신경 쓰지 않았을지도 모른다.

무서운 곤충의 대명사인 벌을 즐겨 먹는 새도 있긴 하다. 여기에 대해 분명한 해답을 얻기 위해서는 검은지빠귀를 더 많이 해부해 보아야 한다.

적이 나타나면 지독한 냄새를 뿜어내고 도망치는 벌레들
(90. 7. 15)

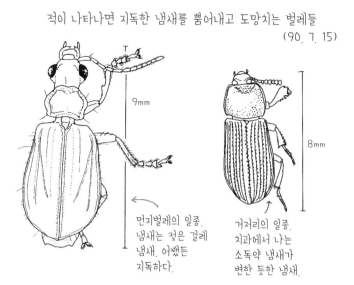

9mm

8mm

먼지벌레의 일종.
냄새는 젖은 걸레
냄새. 어쨌든
지독하다.

거저리의 일종.
치과에서 나는
소독약 냄새가
변한 듯한 냄새.

이야기가 또 주제에서 벗어났다. 왜 무당벌레의 이야기를 장황하게 늘어놓았는지 이유를 설명해야겠다.

중학생 때였던 것 같다. 동네 도서관에서 한 권의 책을 발견했는데 제목이 《의태》였다. 책 내용은 어린 내가 이해하기는 어려웠지만 그 책에 실려 있던 몇 장의 컬러 그림이 나를 사로잡았다. 난 꽃처럼 보이는 사마귀를 이 책에서 처음 보았다. 그리고 이 책에는 무당벌레와 쏙 빼닮은 '무당바퀴'라는 바퀴벌레의 그림도 실려 있었다. 붉은 바탕에 검은 점이 있는 이 바퀴는 필리핀에서 채집된 것이라고 했다.

평상시의 바퀴에 대한 이미지를 가지고는 도저히 상상할 수 없는 생김새였다. 보통 바퀴라면 무당벌레보다 몸이 가늘고 길어야 하는데 그것은 앞날개와 뒷날개의 바깥쪽 끝을 모두 안으로 말아 넣어 진짜 동그란 무당벌레처럼 보였다. 그 예술적인 섬세함에는 감탄할 수밖에 없다. 또 그 책에는 인도에 서식하는 '인도도미노바퀴'라는 무당벌레같이 생긴 바퀴도 소개되어 있었다.

검은지빠귀 (우)

무당벌레 날개와 머리 (확대)

유리창에 부딪혀 죽은 검은지빠귀와
위 속에서 나온 무당벌레

악마가 천사로 변할 때

나는 그 책을 보고 난 후 무당벌레처럼 생긴 바퀴를 내 눈으로 직접 확인하고 싶었다. 하지만 아직 꿈은 이루어지지 않고 있다. 어쩌면 무당벌레처럼 생긴 그 바퀴를 알게 되어 내가 바퀴에 흥미를 가지게 된 건지도 모른다.

무당벌레처럼 생긴 바퀴가 존재하는 이유를 간단히 설명하자면, 맛없는 무당벌레처럼 생기면 새에게 먹히지 않을 수 있기 때문이다 (《의태》에 따르면 도마뱀 역시 바퀴의 무서운 적이라고 한다).

무당벌레는 '행복의 사절', 즉 천사 같은 이미지가 있다. 반면 바퀴는 '악마의 사절'이다. 그렇다면 무당벌레 모양의 바퀴는 '천사의 얼굴을 한 악마'가 아닐까.

악마가 갑자기 천사가 되지는 않는다. 그렇다면 악마가 천사로 바뀌는 그 과정을 한번 생각해 보자.

우리는 바퀴를 지지분한 곤충으로 생각하기 때문에 먹는다는 생각은 하지 않는다. 그러나 새나 도마뱀에게 바퀴는 그저 곤충일 뿐

4mm

붉은 바탕에 흰 반점

붉은새똥거미

이 독특한 이름의 거미는 낮에는 잎 뒤에서 꼼짝하지 않는다.
머리를 감춘 그 모습은 언뜻 흰점무당벌레의 일종으로 보인다.
처음 보았을 때 완전히 속았다.

이다.

　이야기가 조금 벗어나지만 잊을 수 없는 기억이 하나 있다. 나는 대학생 때 유기농업에 관심이 많아 농가에 자주 찾아가 일을 도왔다. 내가 자주 놀러 간 농가에서는 닭을 닭장 안에 풀어놓고 키우고 있었다. 어느 날 닭장 청소를 하다 달걀을 받는 상자를 들어 올렸더니 그 아래 쥐가 둥지를 틀고 있는 것이었다. 순간 놀라 허둥대는 쥐를 보고 닭들이 어떤 반응을 보였는지 짐작이 가는가? 닭들이 벌 떼같이 몰려들어 쥐를 쪼아 먹기 시작했다.

　"아아악!"

　나도 모르게 소리를 질렀다. 쥐도 경우에 따라서는 단순한 먹이가 된다는 걸 나는 실감했다. 바퀴도 맛이 없는 성분을 몸에 지니지 않는 한 새들에게 훌륭한 먹이일 뿐이다.

보다 유리한 테크닉

바퀴의 적인 새(혹은 도마뱀)를 상상해 보자.

어느 것이 무당벌레일까?

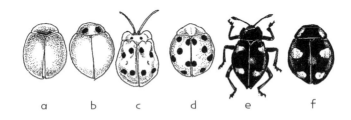

a. 애둥글잎벌레
b. 노랑무당벌레
c. 말레이시아 잎벌레의 일종
d. 말레이시아 무당벌레의 일종
e. 무당벌레붙이의 일종
f. 무당벌레

무당벌레처럼 생긴 바퀴의 조상도 아마 처음에는 다른 악마들처럼 수수한 색을 띠고 있었을 것이다. 앞에서 이야기했듯이 암컷과 수컷의 유전자가 조합하여 자식 대에는 다양한 유전자가 만들어진다. 따라서 '바퀴 조상'들의 새끼들도 다양한 유전자를 가졌을 것이다.

여기서 새가 등장한다. 새는 무당벌레가 맛이 없음을 학습한다. 그리고 마침 그 '바퀴 조상'들에게 우연히 무당벌레를 조금 닮은 새끼들이 태어났다고 하자. 그리고 '조상'은 새에게 먹혀 버린다. 그러나 무당벌레를 닮은 새끼들은 다른 벌레들에 비해 새에게 잡아먹힐 확률이 낮다. 적어도 새의 머릿속에는 무당벌레를 닮은 바퀴라는 것은 존재하지 않으므로 조금만 무당벌레와 비슷해도 그 바퀴는 살아남는데 유리했을 것이다. 과연 실제로 일어날 수 있는 일일까? 나는 가능하다고 생각한다.

내 경험을 하나 이야기해 보겠다.

수업 중 교실에 곤충이 들어오면 교실 분위기는 시끄러워진다. 나비라면 그래도 낫지만 벌이 들어오면 그야말로 한바탕 소동이 벌어진다.

"우와! 이쪽으로 온다."

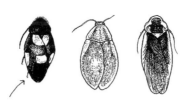

파랗게 빛나는 날개에 붉은 반점이 찍힌 멋스러운 바퀴.
바퀴의 색과 모양도 종에 따라 다양하다.
왼쪽부터 태국, 네팔, 에콰도르의 바퀴.

파리(꽃등에, 왼쪽)와 벌(오른쪽)
이렇게 그림으로 그려 보면 꽤 차이가 있지만
날고 있는 모습을 보면 똑같다.

12mm

둥글둥글한 보통 파리와
달리 날렵한 몸매이다.
배가 벌처럼 생긴 꽃등에의
일종이다.

"엄마야!"

벌이 들어왔던 그날 교실 안은 순식간에 아수라장이 되었고 수업은 더 이상 진행할 수 없었다. 나는 주저 없이 그 벌을 잡아서 밖으로 날려 보냈다.

"무섭지 않으세요?"

존경 반, 경계 반의 눈빛으로 학생들이 물었다. 정말 벌에 쏘이는 것이 아무렇지 않았던 때도 있었다. 하지만 그건 옛날 이야기고 지금은 나도 벌에 쏘이는 것이 무섭다. 그러면 어떻게 벌을 밖으로 날려 버릴 수 있었을까?

사실을 말하자면 교실에 들어온 곤충은 벌이 아니었다. 그것은 벌처럼 생긴 파리였다. 파리 중에는 그런 것도 있다.

속이고 속고 또 속이고

아무리 벌과 비슷해도 파리는 파리니까 잡아도 쏘일 염려는 없다. 파리도 새를 속이기 위해 그렇게 된 것인데 우리까지 속아 넘어간 것

개미거미
개미로 의태하는 곤충.
그중엔 거미도 많다.

이다. 내가 벌처럼 보이는 파리에게 속지 않은 것은 학생들보다 지식이 좀 더 있었기 때문이다. 즉 눈에 익었다는 뜻이다.

"앗, 말벌이다!"

오키나와에 갔을 때 벌을 닮은 파리를 보고 말벌이라고 생각한 적이 있다. 그런데 자세히 보니 그건 파리였다. 나도 오키나와의 파리까지는 알아보지 못했던 것이다.

"속았다!"

학생들 앞에서는 마술을 부리듯 벌을 닮은 파리를 잡았지만 눈에 익지 않은 것에는 나도 완벽하게 속아 넘어간다. 다행히 오키나와에서는 주위에 학생들이 없어 체면이 깎이지는 않았다.

이러한 상황이 새와 '바퀴 조상' 사이에서도 벌어졌을 거라는 것이 내 생각이다. 처음에는 무당벌레와 조금 닮은 것만으로도 새를 충분히 속일 수 있었다. 속이지 못한 바퀴는 모두 죽게 되고 무당벌레를 조금 닮은 그 바퀴들만 남게 된다. 그렇게 되면 새는 더 이상 속지 않는다.

새가 속지 않는다는 것은 '조금 닮은 녀석' 중에서 '그다지 닮지 않

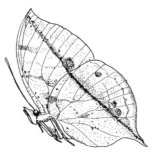

가랑잎나비(대만)
날개 뒤쪽이 나뭇잎 무늬와 똑같다.
나뭇잎으로 바뀐 나비.

은 녀석'을 알아보고 잡아먹는다는 얘기다. 즉 나의 경우처럼 오키나와 파리에게는 속아 넘어가도 이곳 파리는 알아본다는 것이다. 그렇게 되면 '조금 닮은 녀석' 가운데에서 '조금 더 닮은 녀석'들만이 살아남고 그다음에는 '더욱 닮은 녀석'만이 남는다. 그러나 새는 여기에도 익숙해져⋯⋯. 끝이 없으므로 이쯤 하겠다.

결국 이것이 반복되다가 '악마의 모습'을 했던 조상은 '천사의 얼굴'로 바뀐다. 새와 바퀴 조상의 이런 숨바꼭질이 진화를 만들어 냈다.

미노루와 나의 숨바꼭질

오키나와에서 파리에게 속은 뒤로 나는 결심했다.

"이제는 절대로 속지 않을 거야."

그런데 아마존에 갔을 때 나는 또 완벽하게 속아 넘어갔다. 이제 또 아마존에 사는 벌처럼 생긴 파리에 익숙해졌다 하더라도 만약 이번에는 아프리카로 간다면 속지 않는다고 장담할 수 없다. 역시 이것은 숨바꼭질이다. 무당벌레처럼 생긴 바퀴 사진을 보며 나도 모르게

인동덩굴
중학교 3학년 때 그린 그림
직접 만든 《덩굴식물 도감》에서

중얼거린다.

"정말 비슷한걸……."

그들이 생겨나는 과정을 실제로 보지 못했기 때문에 더더욱 그런 생각이 든다.

"선생님은 정말 아무렇지도 않게 사체를 만지시네요."

"선생님, 정말 그림을 잘 그리세요."

학생들이 이런 말을 할 때가 종종 있는데 그것도 마찬가지다. 내가 생물을 그리기 시작한 것은 중학교 3학년 때부터인데 이곳 아이들 중에 당시의 나와 같은 나이의 아이들을 비교해 보면, 바구미가 날개가 없다는 것을 알아낸 이가라시나 미야케 섬에서 가시대벌레를 발견한 이시이가 단연코 훨씬 잘 그린다. 지금의 나는 그들보다 훨씬 오랫동안 그림을 그렸을 뿐이다.

사체의 경우도 앞에서 말했듯이 처음부터 만질 수 있었던 것은 아니다. 처음에는 사체의 그림을 그렸다. 그러다 보니 조금 익숙해졌다. 이어 사체를 계속 주워 왔고 더욱 익숙해졌다. 해부를 해 보았다……. 이러한 과정을 나도 거쳤다.

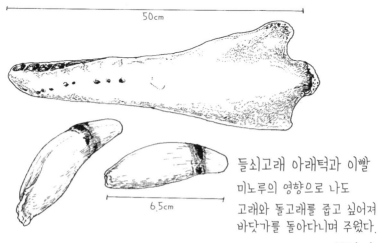

들쇠고래 아래턱과 이빨
미노루의 영향으로 나도
고래와 돌고래를 줍고 싶어져
바닷가를 돌아다니며 주웠다.
1994. 4. 3

미노루와 나의 관계도 그렇다. 내가 해부를 가르친다 → 미노루가 전신 골격을 만든다 → 내가 뼈를 스케치한다 → 미노루가 전신의 뼈를 빠짐없이 스케치한다 → 내가 귓속뼈와 진화에 관심을 갖는다 → 미노루가 여러 동물의 귀뼈를 조사한다.

어떤 의미에서는 이것도 완전한 숨바꼭질이다(이 이상으로 미노루가 진화하면 나도 그에 맞춰 진화해야 한다).

어찌 됐든 어느 정도에 이르기까지 쏟았던 노력과 시행착오는 타인에게는 잘 보이지 않는다. 생물 진화도 그와 똑같다.

베란다의 곤충 사체

왜 내가 사람들이 관심 없는 곤충, 사람들이 싫어하는 곤충을 흥미로워하는지 이제는 이해할 수 있을지 모르겠다. 이런 생각을 하며 곤충을 관찰하다 보면 자연스럽게 관심과 흥미가 생긴다.

곤충을 보는 것에 대해 마지막으로 한 가지만 더 덧붙여 두자. 움직이는 곤충을 만지지 못하는 사람, 곤충 채집 때 곤충을 죽이는 것

마키코가 한국에서 주워 온 바퀴
파고다 공원에 몇 마리나
죽어 있었다고 한다.

94. 5. 7

을 불쌍하다고 생각하는 사람이 있다. 그 사람들을 위해 이 방법을 권한다.

방법은 매우 간단하다. 바로 곤충의 사체를 줍는 것이다. 기분 나빠지게 왜 사체를 줍는지 궁금해하는 사람도 있을 것이다. 만일 사체를 통해 아무것도 보지 못한다면 분명 곤충의 사체는 기분 나쁜 것이다. 그러나 조금 각도를 달리하여 곤충의 사체를 통해 무엇을 볼 수 있는가를 생각해 보자. 이 방법은 곤충채도 독병도 필요 없고, 게다가 곤충을 '죽인다'는 죄책감도 들지 않는 아주 괜찮은 방법이다.

먼저 집 안에서 곤충 사체들을 찾아 보자. 나는 오랫동안 청소를 하지 않았던 우리 집 베란다를 한번 살펴보았다. 화분의 그늘, 배수구 근처 같은 곳에 곤충의 잔해가 보였다.

12월 23일에 찾아낸 곤충 중에서 살아 있는 것은 무당벌레 15마리였다. 겨울을 나기 위해 집으로 들어온 무당벌레들이다. 여름밤 전등불빛을 보고 찾아들어 왔다 죽은 사체들도 있었다. 왕침노린재 1마리, 썩덩나무노린재 3마리, 갈색날개노린재 1마리, 검정하늘소 5마리, 애기꽃무지 1마리, 주둥무늬차색풍뎅이 1마리, 풍뎅이 1마리, 칠성무당

아파트 베란다에 있던 노린재들

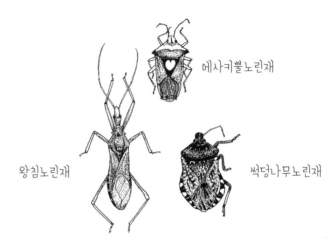

에사키뿔노린재

왕침노린재

썩덩나무노린재

벌레 1마리, 무당벌레 11마리, 방아벌레 1마리, 귀뚜라미 1마리, 황말
벌 1마리. 모두 우리 집 근처에서 흔히 볼 수 있는 곤충들이다.

그중 검정하늘소는 전등불을 보고 자주 들어오는 것이고 침노린
재, 썩덩나무노린재, 무당벌레는 대표적인 월동 곤충들이다. 베란다
만 한번 살펴보아도 집 주위에 어떤 곤충이 있는가 대략 알 수 있다.
또한 내가 모르는 사이에 야생 곤충들이 우리 집을 방문하고 있었음
도 알게 되었다.

길을 걸으면

이번에는 밖으로 나가 보자. 가장 간단하게 사체를 줍는 방법은 도
로를 걸으면서 줍는 것이다. 특히 길가 하수구에는 곤충이 아주 많이
죽어 떨어져 있다. 그 예를 조금 보기로 하자.

첫째, 홋카이도 아바시리 도로의 하수구(약 200m 구역).

보라금풍뎅이 22마리, 딱정벌레 2마리, 참사슴벌레 2마리, 줄사슴
벌레 4마리, 넓적송장벌레 여러 마리. 그 외 홍반디와 집게벌레 여러

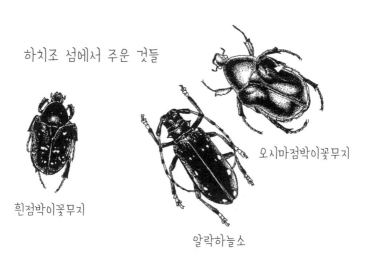

하치조 섬에서 주운 것들

흰점박이꽃무지

알락하늘소

오시마검박이꽃무지

마리.

둘째, 오키나와 섬 얀바르 숲길 도로와 하수구(약 4km 구역).

오키나와넓적사슴벌레 1마리, 오키나와길앞잡이 1마리, 외뿔장수풍뎅이 1마리, 풍뎅이 2마리, 맴돌이거저리 1마리, 땅강아지 1마리, 메뚜기 2마리, 류큐썩은나무바퀴 2마리, 지렁이 여러 마리. 이 외에도 제주땃쥐 1마리, 칼꼬리영원 93마리, 뱀 4마리, 나무타기도마뱀 1마리, 개구리 6마리도 보였다.

셋째, 하치조 섬.

사쓰마바퀴 11마리, 먹바퀴 2마리, 가시대벌레 1마리, 점박이꽃무지 1마리, 참먹풍뎅이 1마리, 알락하늘소 1마리, 오시마점박이꽃무지 2마리. 그 밖에 나무숲산개구리 1마리, 족제비 1마리, 참새 1마리가 보였다.

넷째, 하치조 섬 두 번째.

톱사슴벌레 10마리, 꼬마넓적사슴벌레 2마리, 오시마점박이꽃무지 여러 마리.

다섯째, 미야케 섬.

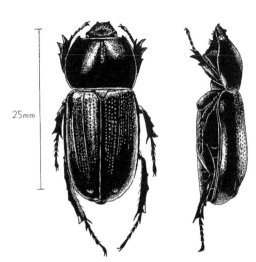

25mm

외뿔장수풍뎅이
미야케 섬에서 주웠다.
한노에서는 딱 한 번
보았는데 미야케 섬에서는
길을 걸으면 자주
사체를 줍는다.

외뿔장수풍뎅이 1마리, 애사슴벌레 9마리, 톱사슴벌레 7마리, 줄사슴벌레 5마리, 참사슴벌레 1마리, 점박이꽃무지 1마리, 왕바구미 1마리, 호랑하늘소 1마리, 알락하늘소 2마리, 맴돌이거저리 3마리, 넓적송장벌레 1마리, 어리호박벌 1마리, 배벌 1마리, 가위벌 1마리, 긴꼬리산누에나방 1마리, 사쓰마바퀴 1마리, 가시대벌레 1마리. 이 외에 까마귀 2마리와 족제비 1마리.

어떠한가. 장소를 바꾸면 사체도 변한다. 홋카이도를 제외한 나머지는 모두 학생들과 함께 기록한 것이다. 사체 줍기도 여럿이서 하면 훨씬 재미있다.

글을 쓰다 보니 문득 떠오르는 말이 있다.

"길을 걸으면 사체를 만날 수 있다."

여행지에서 안내 역할

그런데 오키나와 얀바루에서 대량의(93마리나 된다) 칼꼬리영원이 하수구에 떨어져 말라 죽어 있었다. 학생들과 함께 그중에 살아 있는 것

오키나와 숲을 걷다가

제주땃쥐 일종의 미라
1989. 6. 7

칼꼬리영원의 미라

들을 찾아 숲으로 돌려보냈다(겨우 11마리). 이 칼꼬리영원은 이 섬에서만 볼 수 있는 귀중한 생물인데 하수구에 떨어져 죽어 있다니, 사체를 주웠다고 기뻐할 일만은 아니다. 하수구는 작은 동물에게는 극복할 수 없는 장애물이다. 사체를 찾아다니면서 비로소 그것을 실감했다.

미야케 섬과 하치조 섬을 다시 한번 살펴보자. 두 곳 모두 사슴벌레가 많았다. 그런데 미야케 섬에서 가장 많이 볼 수 있었던 애사슴벌레를 하치조 섬에서는 볼 수 없었다.

하치조 섬에도 애사슴벌레는 있지만 수적으로 적다. 우리 집 근처에서도 무척 쉽게 볼 수 있는 애사슴벌레가 왜 하치조 섬에서만은 안 보이는 것일까?

또 세 번째의 하치조 섬을 보면 여기 기록된 열 종류의 생물 중 먹바퀴, 가시대벌레, 오시마점박이꽃무지, 나무숲산개구리, 족제비의 다섯 종류가 사람에 의해 유입된 것들이다. 하치조 섬 남쪽은 더 심각했다. 약 3㎞의 구간에서 역시 외래종인 파나마왕두꺼비의 사체를 133마리나 보았다. 섬이라는 장소는 외래종이 퍼지기 쉬운 곳이다. 역시 사체 줍기를 통해 알 수 있었다.

길 위에 죽어 있는 수수두꺼비
미국에서 이곳 오가사와라
제도까지 온 것이다.
(지치지마 섬에서)

사체를 주운 장소는 모두 여행지였다. 여행지에서 그 땅의 생물을 가장 손쉽게 알 수 있는 방법이 사체 줍기다. 처음 가는 곳에 어떤 생물들이 살고 있는지, 어떤 생물이 살기 적절한지 알고 싶을 때 길가의 사체는 '자연의 안내자'가 되어 준다. 사체 줍기는 여행을 두 배 즐겁게 해 준다.

매일을 즐겁게 재미있게

여행을 하는 것은 즐겁다. 일상을 벗어나 새로운 일을 만나면 가슴이 설렌다.

나 같은 사람은 특히 낯선 땅의 생물과 만나면 행복하다. 그러므로 방학이 되면 오키나와든, 홋카이도든, 또는 해외로도 여행을 떠난다.

여행을 하며 진귀한 생물과 만나면 가슴이 두근거린다. 오키나와에 가면 오키나와에만 있는 생물이 있다. 그것은 분명 나에게 즐거움을 주지만 어떻게 하면 느낄 수 있는 것일까.

서로 비교할 대상이 있으면 그 재미를 알 수 있다. 오키나와의 생

졸참나무

상수리나무

물을 즐기려면 우리 집 근처 생물에 대해 알고 있어야 한다. 그러면 오키나와에는 없는 생물이 우리 집 주변에는 있다는 것도 알게 된다.

우리 집 근처의 졸참나무와 상수리나무 숲 그리고 그 숲에 사는 곤충들은 오키나와에서 보면 진귀한 것이다. 이곳저곳으로 다니는 것도 재미있지만 내 주변의 자연도 충분히 흥미롭다.

"수업시간은 지루해. 매일 행사가 있으면 좋겠어."

운동회나 학교 축제 때면 학생들은 생기가 넘친다. 그런 행사에 비해 일상은 너무 지루하다고 아이들은 입을 모아 말한다. 하지만 매일 행사의 연속이라면 그것 또한 지루할 것이다. 나는 일상도 행사도 즐겁다고 생각한다. 오키나와에는 오키나와의, 한노에는 한노의 곤충이 있듯이 저마다 재미가 다른 것이다.

우리 학생들이 수업시간을 즐길 수 있으면 좋겠다.

"고등학교는 대학에 들어가기 위한 단계에 지나지 않는다."

아니다. 고등학교도 충분히 즐겁다. 그리고 고교생 때만 즐길 수 있는 것이 분명히 있다. 나는 사체가 있어 즐겁고 곤충이 있어 즐겁다. 그리고 곤충의 사체가 있어 더욱 즐겁다.

동굴에서 박쥐 뼈 찾기
이런 일도 해 보면 의외로 즐겁다.

박쥐의 아래턱

치오는 해부클럽의 한 사람.
너구리 머리 가죽을
누구보다도 잘 벗긴다.

4

진귀한 생물들의
유쾌한 세계

흰턱제비 꼬리표

어느 날 마을로 훌쩍 외출을 했다.

"앗!"

"아, 안녕하세요?"

외출하는 도중에 새를 그리는 화가 오카자키 씨를 만났다.

"어디 가세요?"

"아, 활나물이라는 식물을 찾고 있어요."

딱히 용무가 있던 게 아니어서 나는 방향을 바꿔 오카자키 씨와 동행하기로 했다. 오카자키 씨도 한노에 살고 있다. 새 그림을 그릴 뿐 아니라 표식조사(새 다리에 꼬리표를 달아 새의 생태를 조사하는 것)의 자격도 가지고 있다.

"며칠 전에요, 깜짝 놀랄 일이 있었어요."

함께 걸으면서 오카자키 씨는 최근에 일어난 일을 이야기해 주었다. 집에서 얼마 떨어지지 않은 숲으로 표식조사를 가는데 이상한 사람을 보게 되었다는 것이다. 자세히 보니 그것은 백골이 된 사체였다

오카자키 씨와 표식조사를 나가서

1993. 12. 25

홍채는 분홍색

물리면 아프다.

혀는 약간 짧음

조여줌… 잡히면 아무튼 시끄럽게 운다.

물리지 않도록 가죽장갑을 꼈다.

고 했다.

"모리구치 씨, 사체 좋아하죠? 웬만하면 오라고 전화하려고 했는데 사정이 여의치 않았어요. 스케치하고 싶었을 텐데……."

오카자키 씨는 장난기 어린 얼굴로 말했다.

"그만하세요. 사람 사체는 관심 없어요."

"그런가요? 사람은 관찰하지 않으세요?"

어디까지가 진담인지 알 수 없는 말투다.

주변 사람들 모두가 내가 사체를 좋아한다고 생각한다는 것은 좀 생각해 볼 문제다.

며칠 뒤 오카자키 씨가 표식조사를 하는데 와서 보지 않겠느냐고 물어 왔다. 흰턱제비들이 떼로 둥지를 지은 가까운 학교 건물로 조사를 나간다고 했다. 기꺼이 보러 가기로 하였다.

가 보니 벽에 흰턱제비가 진흙으로 만들어 놓은 둥지가 여럿 있었다. 다리에 꼬리표를 달려면 우선 곤충채로 흰턱제비를 잡아야 한다고 했다.

표식조사를 하기 위해 곤충채로
흰턱제비를 잡는 미유키
나는 잡지 못했지만 미유키는
흰턱제비를 잡았다.

93. 6. 6

학교 건물

흰턱제비의 배설물

손안의 따뜻함

곤충채를 이용한다 해도 날아다니는 흰턱제비를 잡는 것은 거의 불가능하다.

그래서 흰턱제비가 진흙으로 만든 둥지에 난 구멍 앞에 망을 뒤집어씌우고 나오기를 기다리는 쪽을 택한다.

아주 간단한 일인 것 같지만 상대를 만만하게 보아서는 안 된다. 언제 나올지 알 수 없는 데다 망에 들어온 순간 잽싸게 틀어막지 않으면 곧바로 도망쳐 버리기 때문이다. 나는 결국 한 마리도 잡지 못했다.

잡은 흰턱제비를 손으로 살짝 잡아 수컷인지 암컷인지, 그리고 새끼인지 어미 새인지 분별하여 꼬리표를 붙였다. 내가 보기에는 모두 똑같아 보이는 흰턱제비들이 '전문가의 눈'에는 눈 색깔이나 깃털의 모양만으로도 한눈에 구별이 가는 모양이었다.

흰턱제비를 하늘로 날려 보내기 전 나도 흰턱제비를 한번 잡아 보았다. 손안에 살아 있는 흰턱제비가 있다. 따스한 온기, 심장의 움직

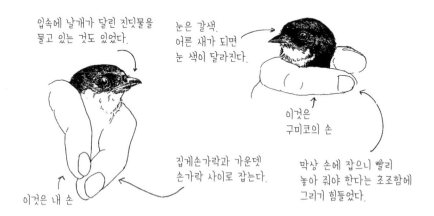

입속에 날개가 달린 진딧물을
물고 있는 것도 있었다.

눈은 갈색.
어른 새가 되면
눈 색이 달라진다.

이것은
구미코의 손

집게손가락과 가운뎃
손가락 사이로 잡는다.

막상 손에 잡으니 빨리
놓아 줘야 한다는 초조함에
그리기 힘들었다.

이것은 내 손

흰턱제비를 잡아 보았다. 심장 박동 소리가 전달됐다.
온기가 전해진다. 사체를 주운 적은 있지만 이렇게 살아
있는 새를 가까이서 본 적은 없었다.

1993년 11월 23일
표식조사를 할 때의 스케치
집 근처 휴경지 아시바라에서

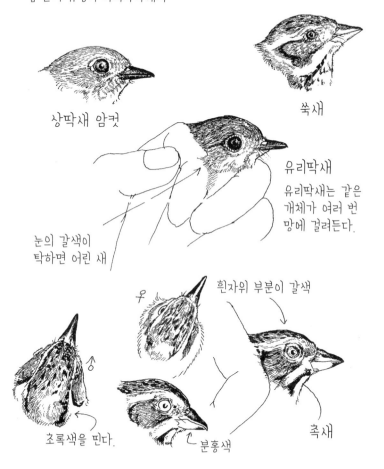

상딱새 암컷

쑥새

유리딱새
유리딱새는 같은
개체가 여러 번
망에 걸려든다.

눈의 갈색이
탁하면 어린 새

♀ 흰자위 부분이 갈색

♂

초록색을 띤다. 분홍색 촉새

임이 전해져 왔다. 지금까지 늘 보아 왔던 사체와는 전혀 달랐다. 특히 눈은, 이런 색이었구나 하고 넋을 잃고 바라보게 되었다.

역시 사체가 아무리 흥미롭다 해도 살아 있을 때만 느낄 수 있는 것이 있다. 살아 있는 새가 손안에 있다는 이 경이로움은 사체를 아무리 많이 만져도 느낄 수 없는 것이었다. 역시 살아 있는 생물을 보는 것은 좋다.

"흰턱제비에서 진드기가 옮겨 붙을 수도 있으니까 조심하세요."

표식조사를 하러 가기 전 오카자키 씨가 주의를 주었다.

"여기, 이거예요."

흰턱제비를 잡은 오카자키 씨의 팔 위를 진드기가 성큼성큼 돌아다닌다.

오, 재미있는걸. 잡아서 필름통에 쑤셔 넣었다.

"이거 진드기가 아니에요! 이파리예요!"

나는 보자마자 기쁨의 탄성을 질렀다. 오랫동안 보고 싶어 했던 곤충이 내 앞에 나타난 것이다.

흰턱제비에 있던 이파리

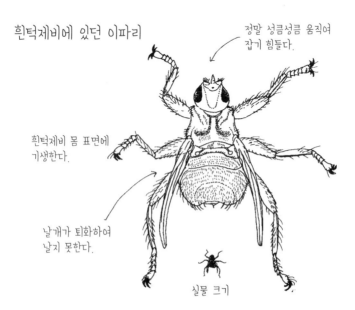

정말 성큼성큼 움직여 잡기 힘들다.

흰턱제비 몸 표면에 기생한다.

날개가 퇴화하여 날지 못한다.

실물 크기

파리는 가지각색

흰턱제비에 붙어 있는 이 곤충은 이파리이다. 이름은 알고 있었지만 실물을 보는 것은 처음이었다. 살아 있는 흰턱제비를 접하는 것도 기뻤지만 이파리를 보게 된 것은 더욱 기뻤다. 이것은 이름대로 파리의 일종으로 몸은 평평하고 다리는 몸 옆으로 툭 튀어나와 있어 거미다리 같다. 그리고 무엇보다 날개가 막대기 모양으로 퇴화해 날 수 없다.

오랜 세월 동안 새의 몸에 기생하여 살면서 지금의 모습으로 변화한 것이다. 인간의 팔 위를 여기저기 돌아다니는 모습은 확실히 오카자키 씨의 말대로 진드기처럼 보였다.

파리도 바퀴처럼 미움받는 곤충이다. '더럽다', '시끄럽다' 등 파리에 대한 이미지 중 좋은 것이 별로 없다. 하지만 바퀴 가운데에도 무당벌레처럼 생긴 바퀴와 약용으로 쓰이는 바퀴가 있듯이 파리에도 사람들이 모르는 특이한 종류가 있다. 벌과 비슷하게 생겨 아이들을 속이는 파리가 있는가 하면 이 이파리처럼 날개를 버리고 진드기처

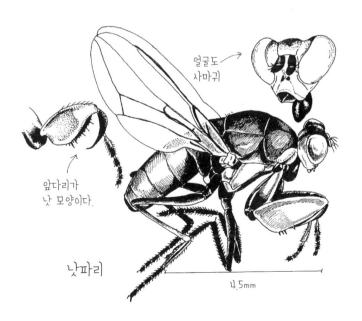

얼굴도
사마귀

앞다리가
낫 모양이다.

낫파리

4.5mm

럼 사는 파리도 있다.

　이름만 듣고 보지는 못한 파리가 또 하나 있는데, 바로 낫파리이다. 책에서는 이 파리가 물가에 산다고 쓰여 있어 물 옆에 갈 때마다 주의하여 보았지만 좀처럼 볼 수가 없어 어떤 곤충인지 전혀 몰랐다.

　그런데 어느 날, 아이들이 만든 학교 연못 주변을 어슬렁거리고 있는데 눈에 들어오는 것이 있었다. 연못 위 해캄에 앉아 있는 그 파리를 본 순간 나의 눈은 번쩍 빛났다.

　30분 동안의 격투 끝에 날아다니는 파리를 재빨리 잡았다. 손안에 든 것을 자세히 보니 앞다리가 낫 모양이었다. 드디어 낫파리를 발견했다. 만세!

　이파리가 진드기나 이를 닮은 파리라면 낫파리는 사마귀를 닮은 파리다. 찬찬히 들여다보니 얼굴 표정도 사마귀와 비슷했다.

　정말 파리도 가지각색이다.

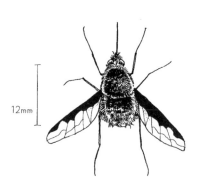

12mm

벨벳재니등에의 일종

털이 북실북실한 이 파리는 봄날 고속, 저공으로
비행하여 꽃들을 맴돈다.
곤충채가 없었던 어린 시절, 도저히 잡을 수 없어
동경하던 곤충이었다.

학생들도 가지각색

곤충의 종류가 90만 종이나 되니 어떤 파리가 존재하든 이상할 것도 없다. 하지만 같은 파리를 놓고 비교해 보면 '가지각색'이라는 말에 수긍이 간다. 그런데 가지각색이라고 하면 아이들도 곤충 못지않다. 최근 그것을 확실히 실감했다.

나는 지금 고등학교 3학년들을 대상으로 '한노의 자연'이라는 수업을 하고 있다. 청경우독(晴耕雨讀)이 아닌 청관우해부(晴觀雨解剖)의 수업이다. 봄에는 너구리 길을 따라 산에 들어가고 여름에는 두더지 굴 앞에서 기다리고 가을에는 도토리를 주우며 숲을 조사하고 비가 오는 날에는 해부한다.

파트너인 야스다와 함께 10여 명의 학생들과 밖을 돌아다니다가 12월, 학기가 거의 끝나 갈 즈음 학생들에게 조를 짜서 지금까지의 수업을 토대로 자유 연구를 하도록 하였다. 과연 어떤 조들이 만들어졌을까?

가장 인기 있는 것은 날다람쥐조, 역시 살아 있는 동물을 관찰하는

너구리조가 폐가 마룻바닥 아래서
너구리 굴 비슷한 것을 발견했다.

매력은 크다. 그 밖에도 너구리조, 월동동물관찰조, 서바이벌쿠킹조, 해부조, 나무타기조가 만들어졌다. 나무타기조는 나무 위에 올라 새 둥지를 찾는 것을 목적으로 하는 괴상한 조였다.

어느 하루의 연구 모습을 지켜보자.

나는 날다람쥐조를 데리고 동물을 좋아하는 골동품 가게 아저씨네로 갔다. 아저씨에게 날다람쥐에 대해 이야기를 대략 들은 후 드디어 아저씨가 키우고 있는 날다람쥐를 만났다.

"이건 본채고 저건 별장이지."

아저씨의 설명에 모두들 웃는다.

"와, 나왔다, 나왔다! 눈이 굉장히 크다."

"몸집이 크다!"

역시 살아 있는 날다람쥐의 인기는 하늘을 찔렀다.

평생에 다시없는 일

"소란 떨지 않으면 금방 친해진단다."

근처 골동품 가게에서 키우는 날다람쥐의 새끼
이 집의 지붕 안쪽에는 야생 날다람쥐도 살고 있다.

아저씨의 한마디에 모두들 조용해진다. 날다람쥐는 신기한 듯이 아이들을 바라보더니 한 아이의 무릎에 올라가려고 한다.

"깜짝이야!"

놀라는 학생에게 아저씨가 말했다.

"괜찮아, 괜찮아!"

앗, 날다람쥐가 노리의 얼굴을 할퀴고 깨물고는 달아났다.

"하하, 노리는 운이 좋은걸. 날다람쥐에게 물리는 일은 평생 없을 거야."

"아프단 말예요! 아프지 않다면 상관없겠지만."

"저것 봐. 노리 얼굴에 이빨 자국이 생겼어."

"사진 찍어, 사진!"

노리의 불행에 대해 아무도 불쌍하게 여기지 않는다.

아이들을 차에 태우고 학교로 돌아와 보니 다른 조들도 화려하게 활약하고 있었다.

서바이벌쿠킹조 아이들은 책상 앞에 모여 사방에 기름을 튀겨 가며 열심히 튀김을 만들고 있다. 아이들은 천남성 열매를 으깨서 튀

독성이 강하다.
이것을 깍둑 썰어 냄비에 세 번 정도 데치고 으깨어 기름에 튀긴다.

천남성 열매

93. 10. 18

김을 만들었다. 천남성은 토란의 일종으로 수산칼슘이라는 독이 들어 있는데 보기에는 굉장히 먹음직스럽다. 원시인들은 먹었을지도 모르겠지만, 그러나 독을 빼지 않으면 안 된다. 이 독을 먹으면 입이 부어오른다.

하치조 섬에서는 예전에 비슷한 종류인 섬천남성 열매를 삶아 절구에 찧어 독을 뺐다고 한다. 하치조 섬에서 먹는다면 한노에서도 먹을 수 있다는 얘기다.

야스다가 서바이벌쿠킹조와 함께하고 있었다.

"그럭저럭 먹을 수 있어. 맛있기도 하고."

"어, 정말?"

이 열매의 강렬한 독성을 들어 왔던 나이지만 완성된 천남성 열매 튀김 앞에선 꼬리를 내릴 수밖에 없었다.

"정말이에요. 세 번 정도 데치면 그때부터 자극이 전혀 없어요. 독성이 빠진 걸 튀기니까 괜찮아요."

아이들의 말을 듣고 주저하며 한입 베어 먹는다. 오, 맛이 그럴듯하다.

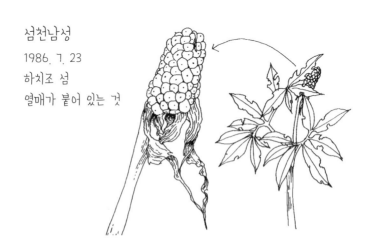

섬천남성
1986. 7. 23
하치조 섬
열매가 붙어 있는 것

"하지만 다섯 개 이상 먹으면 역시 입안이 얼얼해요."

누군가 이렇게 말한다. 역시 독을 모두 없애지는 못하는 듯하다. 천남성 열매의 껍질을 벗기면 손이 가렵다. 역시 독성분이 강해서 그렇다. 먹는다고 해서 죽지는 않지만 기분은 나쁘다.

"먹지 말라고 말렸는데도 아라키가 익히지도 않은 걸 입에 넣었어요."

서바이벌쿠킹조의 한 아이가 나에게 이렇게 말해 주었다. 아라키는 너구리 장을 맨손으로 훑은 열혈남아다. 그 아라키가 독을 빼기 전 천남성 열매를 시식한 것이다.

"괜찮니?"

당황하여 아라키를 쳐다보았다. 아라키는 멍한 얼굴로 서 있있다. 평소의 아라키가 아니다.

"괜찮은 거야?"

"애아이 아아여."

세상에⋯⋯. 입이 부어서 말을 못 한다.

"늘 씩씩하던 아라키가 기가 죽어 모두들 놀랐어."

천남성 열매가 시들었다.
싱싱할 때는 새빨갛고 옥수수
같아서 눈에 잘 띈다.
아이들도 '이거 뭐예요?'라고
자주 물어본다.

93. 12. 5

야스다가 말했다. 아라키는 다음 날 다시 평소의 모습으로 돌아왔지만 며칠 동안은 음식을 먹을 때 입안이 아팠다고 한다. 역시 천남성 독은 먹어서는 안 된다.

사체 발굴 현장의 비디오

"개구리를 찾았어요. 아, 감동적이야! 그리고 지렁이와 공벌레가 있어요."

월동동물관찰조의 아이들은 땅속에서 겨울잠을 자는 나무숲산개구리를 찾아내고는 만족스러워하며 교실로 돌아왔다.

한편 너구리조는 너구리 길을 찾아 지도를 만들었다. 그리고 오늘은 지난주의 활동을 녹화한 비디오를 보고 있었다.

"이것 봐, 여기 꽃이 있어."

"그래그래, 이때부터 아무래도 좀 이상했어."

왠지 이상스러운 대화가 들려왔다.

지난주 아이들은 너구리가 강변에 묻혀 있다는 정보를 입수하여

이 부분이 부풀었다가
오므라들었다가 한다.

나무숲산개구리

사체를 발굴하러 갔다. 그런데 사체 옆에서 고무공과 인형이 나왔던 것이다.

"아무래도 이상한데?"

히로코를 비롯하여 아이들이 생각한 대로 그건 너구리가 아니라 미라가 된 애완 고양이였다.

"무덤을 파헤친 기분인걸."

"굉장히 나쁜 짓을 한 것만 같아."

아이들은 풀 죽은 얼굴로 교실로 돌아왔다. 지금 그때의 모습을 비디오로 보고 있는 것이다.

지난주까지는 성과가 좋았던 나무타기조가 이번에는 울상을 하고 있었다.

"아, 열심히 올라갔는데 아무것도 없었어."

"나무는 잘 고른 것 같은데……."

해부조는 주요 멤버가 결석해서 오늘은 쉰다.

날다람쥐에게 물린 노리, 독이 있는 천남성 열매를 먹고 입이 부은 아라키, 개구리를 찾아내 기뻐하는 마도카, 고양이 무덤을 파헤친 히

그루터기, 식물섬유와 섞인 하얀 비닐끈이 눈에 띤다. 이를테면 새 둥지의 신자재.

새 둥지

90. 5. 28

로코, 새 둥지를 찾지 못해 아쉬워하는 토모미치. 같은 수업을 들어도 자연 속에 들어가면 이렇게 아이들은 가지각색의 모습을 보여 준다.

북적거리는 인파 속에 있으면 사람이 참 많다는 생각이 들지만 그 사람들이 모두 다르다는 생각은 들지 않는다. '가지각색의 사람이 있다'고 느낄 때란, 어떤 한 가지 일을 하는데 사람마다 방법이 모두 다를 때이다.

내 경우에는 내가 맡고 있는 우리 반 아이들과 이야기할 때와 수업 시간에 많은 학생들과 이야기할 때 차이를 느낀다. 대하는 학생들이 많아질수록, 시야가 넓어질수록 한 사람 한 사람을 자세히 볼 수 없다. 반대로 상대를 깊이 알게 될수록 '세상에는 참 가지각색의 사람들이 있구나' 하는 생각이 든다.

다시 파리로 돌아가 볼까?

곤충 중에서도 파리로 범위를 좁혀 보자. 그리고 낫파리와 이파리를 직접 찾아 보자. 그때 비로소 진지하게 '가지각색의 곤충이 있구나'라는 생각을 할 수 있게 되는 것이다.

자전거 여행을 좋아하는 겐타가 혼자 호주 여행을 가서 주워 온 곤충들

송충이 구웠어요.

인력비행기 동아리에 들어간 후 매일 작업복을 입고 비행기를 제작한다.

겐타 (송충이를 먹은 남자)

평범한 사람과 이상한 사람

'가지각색의 사람이 있다'는 것을 생물학에서는 '다양성'이라는 말로 표현한다.

학생들을 보면 인간이란 다양성이 있는 생물이라는 점을 절실히 느끼게 된다. 인간의 다양성을 처음 실감한 것은 대학교 3학년 때였다. 우리 생물과는 스무 명 정도였는데 그들 모두 가지각색이었다.

M은 수염이 덥수룩하고 여자를 좋아했다. 해부를 아주 싫어하는 부드러운 남자였다. T는 거칠고 괴팍한 남자다. 하지만 정밀한 스케치만은 아무도 그를 따라잡을 수 없었다. K는 스포츠, 음악을 좋아하며 식물 마니아로 인기 있는 남자였다. N은 물고기 마니아로 물고기에 관해서는 박학다식했지만 술을 마시면 난폭해졌다. A는 2년 선배지만 계속 졸업을 못 하여 같이 학교를 다닌 개구리를 좋아하는 산 사나이였다. 마찬가지로 선배인 F는 요리 솜씨가 끝내주는 바다 사나이였다. 생물을 좋아한다는 점은 똑같아도 모두 다른 개성을 가지고 있었다.

야스다 (지구과학 전공을 바꾸어 생물 마니아로??)
원래는 지구과학 선생님이지만 성실한 성격 덕에 최근에는 생물에 대해서도 관심을 쏟고 있다. 그에게 배울 점이 많다. 완벽주의자!

나는 기계치라 전혀 다루지 못하지만 야스다의 솜씨는 상당하다.

민달팽이 교미

학교에서 촬영한 사진으로 자연 신문을 발행하고 있다.

대학교 1, 2학년 때는 이런 차이 때문에 힘들지만 3학년쯤 되면 서로 다른 점을 즐기게 된다.

"이상한 놈들 때문에 즐겁다니까."

이것은 우리들 사이에서 유행하던 말이었다. 나도 남들에게 이상하게 보이지 않을까 신경 쓰는 일도 없게 되었다.

그전에는 늘 다른 사람들이 나를 이상하게 볼까 봐 조심스럽게 행동해 왔다. 중학교, 고등학교 때는 가능하면 생물을 좋아하는 것을 사람들 앞에 드러내지 않으려 했고 평범하게 보이기 위해 노력했다.

그런데 생각해 보면 내가 생각했던 '평범한 사람'이란 존재하지 않는다. 누구든 알고 보면 모두 나름대로 이상한 점을 가지고 있다. 그 점을 깨닫기까지 나는 오랜 시간이 걸렸다.

다양성이야말로 재미있는 것

생물을 재미있어 하는가 그렇지 않은가는 다양성을 즐길 수 있는가 없는가에 달려 있다고 생각한다. 적어도 내가 생물을 좋아하는 이유는

모래사장에 밀려 올라온 들쇠고래 머리뼈를
가지고 장난치는 카미

지금은 이런 일에 아주 익숙하다.

나중에 미노루가 이것을
가지고 왔다.
(고토 열도에서)

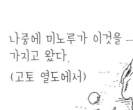

생물 하나하나가 다르고 그것을 비교해 보는 것이 즐겁기 때문이다.

곤충을 표본 상자에 정리하는 것도, 조개껍데기를 주워 와 상자 안에 넣는 것도 쭉 늘어놓은 곤충과 조개껍데기들의 미묘한 차이에 어린 나의 가슴이 설렜기 때문이었다. 지금 내 방이 잡동사니로 꽉 차있는 것도 기본적으로는 같은 이유다.

몸의 극히 일부에 불과한 귓속뼈만 해도 그렇다. 소, 돼지, 여우의 귓속뼈는 비슷하면서도 조금씩 다르다.

대벌레는 모두 막대기처럼 생겼지만 그 알들은 종류에 따라 가지각색이다. 숨은 멋이 모두 알에 들어 있다. 작은 부분에 다양성이 숨어 있는 것이다. 바퀴도 52종인데 모두 서로 다르다. 일본에는 무당벌레처럼 생긴 바퀴는 없지만 비단바퀴라는, 날개가 파랗게 빛나는 아름다운 바퀴가 있다.

내가 키우고 있는 왕바퀴는 원래 썩은 나무 속에서 사는 바퀴다. 바퀴는 잡식성이라고들 생각하지만 왕바퀴는 톱밥을 먹으며 살아간다. 나는 왕바퀴에게 마른 소나무 잎을 먹이로 준다. 바퀴도 보면 볼수록 너무나 다양해 놀라게 된다. 약 3,000종류의 전 세계 바퀴를 나

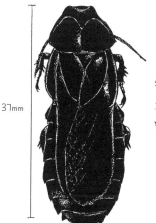

왕바퀴
몸집은 커도 썩은 나무를
먹는 얌전한 바퀴

37mm

는 모두 다 보고 싶다.

앞에서 신축 주택단지를 이야기했다. 내가 신축 주택단지를 기분 나쁘게 생각하는 것은 '다양성'이 느껴지지 않기 때문이기도 하다. 질서정연하게 구획되어 비슷한 집들이 늘어서 있는 광경은 왠지 모르게 싫다. 마찬가지로 한결같이 유행을 좇는 모습, 똑같은 제복을 입고 행진하는 사람들을 봐도 불쾌해진다. 모두 입을 맞춘 듯 똑같은 말을 하는 것도 별로 기분이 좋지 않다. 사실은 한 사람 한 사람 다 다른 생각을 하고 있을 것이기 때문이다. 다르다는 것은 매우 중요하다.

네 잎 클로버

"여기 신종을 찾았어요. 처음 보는 거예요."

고등학교 1학년 학생이 클로버 잎을 들고 왔다. 그런데 우리가 지금껏 보아 온 것과는 조금 달랐다. 잎 끝에 툭 튀어나온 부분이 하나 더 있었다.

클로버 잎
클로버(토끼풀) 잎을 보다 보면 가끔
네 잎을 발견한다.
아이들 말에 따르면 모여서
자란다고 하는데 왜 그럴까?

"신종은 아니지만 흥미로운 잎인데."

"아니에요, 신종이에요. 결단코."

그는 물러서지 않았다. 하지만 역시 클로버의 변종이다. 네 잎 클로버는 가끔 볼 수 있지만 솔직히 이런 변종은 처음 본다.

"이 클로버는 잎이 하나예요."

이런 것을 들고 올 때도 있다.

"누가 잘라 낸 건 아니에요. 그런 거라면 찢은 흔적이 남아 있을 텐데 이건 그런 흔적이 없어요."

그 아이가 말한 대로 원래 하나였던 것 같았다.

"잎이 여덟 개인 걸 찾았어요."

"우와, 왠지 불행이 올 거 같은데."

네 잎의 클로버는 행운을 부른다고 하지만 잎이 여덟 개인 클로버를 보니 왠지 소름이 끼친다. 클로버는 원래 잎이 세 개인데 왜 네 잎의 클로버가 생기는 걸까?

클로버의 잎은 본래 세 개가 아니다. 클로버의 잎이라고 생각하는 부분이 실은 작은잎(소엽)이다. 우리는 이 작은잎 부분을 세며 '세 잎'

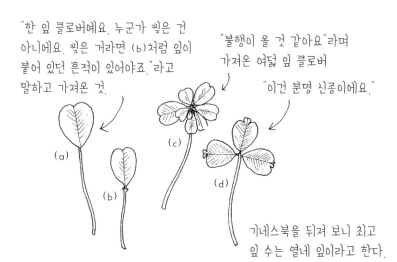

"한 잎 클로버예요. 누군가 찢은 건 아니에요. 찢은 거라면 (b)처럼 잎이 붙어 있던 흔적이 있어야죠."라고 말하고 가져온 것.

"불행이 올 것 같아요"라며 가져온 여덟 잎 클로버

"이건 분명 신종이에요."

(a)

(b)

(c)

(d)

기네스북을 뒤져 보니 최고 잎 수는 열네 잎이라고 한다.

또는 '네 잎'이라 부르는 것이다.

　네 잎의 클로버가 있는 건 이 작은잎의 성장점에 이상이 생기기 때문으로 추측된다. 하지만 왜 그런 일이 일어나는 걸까? 아이들이 가끔 어떤 곳에 가면 네 잎 클로버가 잔뜩 있다고 말하는 걸로 봐서 줄기에 따라 네 잎이 되기 쉬운 것이 있는지도 모른다.

　어찌 됐든 네 잎 클로버(경우에 따라서는 한 잎, 여덟 잎)는 일반적인 '세 잎 클로버' 사이에 섞여 있기 때문에 아이들 눈에 잘 띈다.

도깨비 민들레의 수수께끼

　아이들은 네 잎 클로버나 한 잎 클로버를 '이상한 것'이라 생각하며 나에게 가져온다. 동물이나 새의 사체도 일상 속에서 '이상한 것', '이질적인 것'으로 여겨 나에게 가져오는 것이다. 사실 우리에게는 곤충 자체가 모두 이질적인 것이라 할 수 있는데, 그것을 강하게 느끼는 사람은 가까이 다가가지 못해서, 또 무관심한 사람은 보지 못해서 들고 오지 않는다.

줄기가 두껍다

'도깨비 토끼풀'이라면서
토모코가 가지고 왔다.

91. 5. 29

이 세상은 이상한 것들로 꽉 차 있다. 학생들이 그것을 먼저 알아채고 나에게 알려 주는 경우도 많다. 생물에 관해서는 내가 학생들보다 조금 더 알고 있는데 그렇기 때문에 모든 것을 대수롭지 않게 여겨 '이상한 점'을 깨닫지 못하는 경우가 많다.

'혹바구미의 날개가 펴지지 않는다'라는 '이상한 사실'을 이가라시가 말해 주기 전까지는 나는 그것을 알아채지 못했다.

잘 알고 있다고 믿고 있는 생물도 유심히 보면 이상한 점이 보일 때가 있다. 그 대표적인 예가 민들레다.

민들레는 누구나 잘 알고 있는 풀이다. 민들레를 본 적이 없는 사람은 아마 없을 것이다. 우리에게 친근한 꽃이기도 하다. 그런 의미에서 민들레는 앞다투어 사람들이 관심을 가지는 꽃은 분명 아니다. 아이들은 가끔 민들레를 꺾어 꽃반지를 만들거나 하는데, 이 정도가 민들레를 접하는 방법이다. 그것도 일종의 문화라는 생각이 든다. 매년 봄이 되면 아이들과 민들레를 튀겨 먹는다. 이것도 꽃 음식 문화라 불러도 될까.

그런데 우리 학교에서는 또 하나의 '민들레 문화'라는 것이 존재한

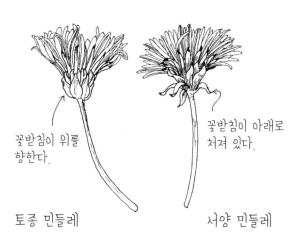

꽃받침이 위를
향한다.

꽃받침이 아래로
처져 있다.

토종 민들레　　　　　서양 민들레

다. 바로 '도깨비 민들레 문화'이다.

학교 근처에서 대화 기형 민들레 발견

민들레 대화(帶化) 기형이란 꽃대와 두상화(보통 민들레꽃이라고 하는 부분)가 기형적으로 커진 것이다. 잘 알려져 있듯이 민들레는 재래종과 외래종이 있다. 우리 학교 근처도 토종 민들레와 서양 민들레가 있다. 민들레는 일반적으로 두상화를 받치고 있는 꽃대의 굵기가 몇 밀리미터 정도이다. 그런데 대화 기형 민들레는 센티미터 단위로 이야기해야 할 만큼 줄기가 굵다. 내가 지금까지 본 민들레 중에 가장 굵은 것은 11센티미터나 되었다. 나는 이 민들레를 '민들레 벽'이라 이름 붙였다.

대화 기형 민들레에 대해 조금 더 알아보자. 대화 기형 민들레는 줄기가 굵기는 하지만 줄기 단면의 모양이 둥그렇지는 않다. 납작한 타원 모양이다. 두상화도 줄기 위에 마치 송충이처럼 달라붙어 있다. 이를테면 보통의 민들레 여러 송이를 나란히 붙인 것과 같은 모양이다.

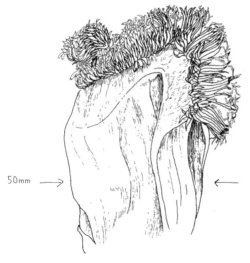

50mm ⟶

대화 기형 민들레
옆으로 커진 기형이다.
꽃대가 비정상적으로
굵어진 서양 민들레.
두상화가 몇 개 합쳐진
것 같다.

대화 기형 민들레 전체 모습

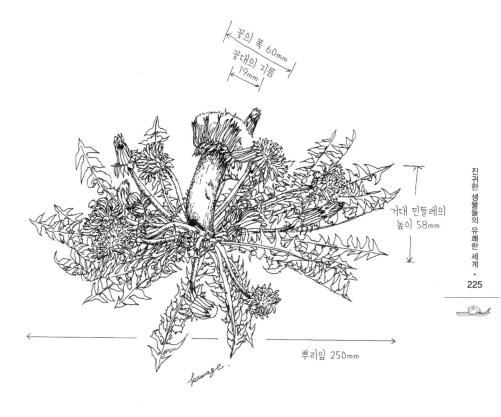

꽃의 폭 60mm

꽃대의 지름
19mm

거대 민들레의
높이 58mm

뿌리잎 250mm

kawase

1989. 4. 17
지금은 봉오리를 포함하여 26송이 중
한 송이가 대화 기형 민들레

얼마 전 대화 기형 민들레의 표본을 만들기 위해 알코올에 담가 두었더니 색이 빠져 버렸다. 그것을 본 누군가가 "웬 말미잘이야?"라고 물어 왔다. 그러고 보니 정말 말미잘과 비슷했다. 말미잘로 착각할 정도로 대화 기형 민들레는 다른 민들레와는 다르게 생겼다.

보통 민들레는 밝고 즐겁고 씩씩한 이미지다. 그런 민들레 중에 이런 말미잘같이 생긴 민들레가 쑥쑥 자라나고 있다니, 충격이 아닐 수 없다. 다른 민들레가 '보통'이라는 이유만으로도 이 대화 기형 민들레의 '이상함'은 더욱 두드러진다. 그리고 이상하다는 이유로 우리들의 관심을 마구 끌어당긴다. 우리 학교의 '도깨비 민들레 문화'는 거기서 시작되었다.

어떤 곳에서 무언가가 생겨나 계속 이어지면 그것은 문화가 된다. 도깨비 민들레 문화가 처음 생겨난 것은 지금으로부터 8년 전으로 거슬러 올라간다. 중학생이었던 아쓰키와 몇몇 아이들이 학교 부근의 공터에서 대화 기형 민들레 한 송이를 발견한 것이다.

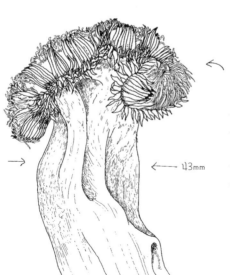

← 113mm

꽃은 다 피었다.
그래도 전혀 예쁘지 않은 민들레다. 이 대화 기형 민들레로 튀김을 만들고 싶다는 학생이 있어서 한번 만들어 보았다. 하지만 역시 맛이 없었다.
1992. 11. 18

매년 봄이 되면

　그때 발견했던 대화 기형 민들레의 굵기는 이후의 '민들레 벽'에는 감히 비교할 수도 없지만 그 키와 꽃대가 비틀어진 정도는 보는 사람을 압도하기에 충분했다. 그 후로도 여러 송이를 찾았지만 역시 가장 강렬한 인상을 준 것은 처음 것이다. 이 '제1호 도깨비 민들레'와의 만남으로 우리는 민들레에 대한 이미지를 바꾸게 되었다.

　그전에도 서양 민들레와 토종 민들레의 분포에 대하여 조사한 적은 있었다. 하지만 오래 지속되지 못했던 이유는 역시 민들레에 대한 열정이 부족했기 때문이었다. 그러나 이 이상한 민들레를 만나면서부터 우리의 생각은 바뀌었다.

　"도대체 이게 뭐지?"

　"도깨비 민들레 또 보고 싶어요."

　그러자 보통의 민들레에도 관심이 생기기 시작했다. 이것은 아이들도 마찬가지였다. 민들레의 대화 기형을 알게 되면서 보통의 민들레에도 관심을 갖게 되고 자기도 모르게 가까이 다가가 자세히 보게

솜털이 되었다.

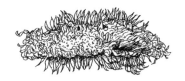

위에서 본 대화 기형 민들레

되었다. 나는 이것을 '도깨비 민들레 효과'라고 부르는데 우리들의 민들레 문화의 원동력이 되고 있다.

그런데 만일 대화 기형 민들레와의 만남이 '제1호'에서 끝났다면 '도깨비 민들레 문화' 같은 것은 생기지 않았을 것이다. 우리들 사이에서 '도깨비 민들레 문화'가 싹튼 것은 분명 제1호 대화 기형 민들레를 만난 후부터였지만 그러나 본격적으로 빠지게 된 것은 2년이 지나서였다.

제1호를 발견하고 2년 후, 학교 가까이 있는 빈터에 22송이의 대화 기형 민들레가 피어 있는 것을 발견했다. 그 후부터는 매년 봄마다 학교 근처에 대화 기형 민들레가 군생했다.

"올해는 벌써 피었어요."

"대화 기형 민들레가 대규모로 피어 있어요."

매년 봄이 되면 대화 기형 민들레에 대한 정보가 여기저기서 들어왔다. 아레, 이시이, 미즈호 등 대화 기형 민들레 찾기에 특히 열중하는 학생들도 생겨났다. 그 아이들이 졸업할 때쯤 되면 또 다른 아이들이 대화 기형 민들레에 관심을 쏟는 식으로 이 꽃에 대한 정보는 끊

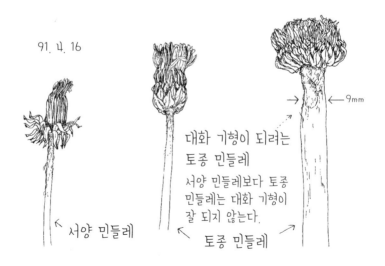

91. 4. 16

← 서양 민들레

대화 기형이 되려는
토종 민들레
서양 민들레보다 토종
민들레는 대화 기형이
잘 되지 않는다.

← 토종 민들레

→ ←9mm

임없이 돌게 되었다.

홋카이도에서도 발견

1986년, 제1호 대화 기형 민들레 출현. 1988년에는 대화 기형 민들레가 군생하는 것을 처음 보았다. 모두 22송이. 1989년, 23송이의 대화 기형 민들레 발견. 1990년 28송이, 1991년 47송이, 1992년 51송이, 1993년 27송이……. 대화 기형 민들레는 이렇게 계속 발견되었다.

1993년의 상황은 이러했다.

4월 9일, 대화 기형 민들레에 관한 정보를 미즈호가 처음 알려 주었다. 매년 학생들이 나보다 빨리 찾아내고 나는 아이들에게 듣고 나서야 대화 기형 민들레의 계절이 왔다는 것을 알게 된다.

4월 12일, 전해까지는 이시이가 찾아와 대화 기형 민들레의 분포를 하나하나 알려 주었지만 졸업했기 때문에 직접 조사해야 했다. 때때로 히로코에게 부탁하여 대화 기형 민들레의 분포를 조사했다. 그리고 며칠 후 야스다에게도 조사를 부탁했다. 내가 직접 조사한 것,

고리 모양의 토종 민들레
대화 기형 민들레를 계기로 기형이
된 민들레에 관심을 갖게 되었다.

학생들을 시켜 조사한 것들을 모두 살펴보아도 대화 기형 민들레의 숫자가 줄어든 느낌이다.

4월 19일, 졸업한 이시이로부터 전화가 왔다. 4년 전 정원에 대화 기형 민들레 씨를 뿌렸는데 올해 꽃이 피었다고 했다.

4월 27일, 학교 내에 대화 기형 민들레가 핀 것을 새롭게 확인했다.

6월 6일, 홋카이도로 수학여행을 갔다 온 학생들이 대화 기형 민들레를 여기저기서 보았다고 알려 주었다. 그리고 선물로 대화 기형 민들레의 미라를 주었다.

여기서 잠깐, 홋카이도에서 학생들이 대화 기형 민들레를 발견했다는 것은 이것이 우리 학교 주변에서만 자라는 것은 아니라는 얘기다. 대화 기형 민들레는 서양 민들레의 '띠 모양 기형'인데 예전부터 잘 알려져 있던 꽃이다. 대화 기형이란 여러 식물에서 때때로 나타나는 현상으로, 줄기나 꽃이 띠 모양으로 넓어지는 기형을 말한다.

그런데 이런 기형이 왜 일어나는가는 알 수 없었고, 또 학교 주변에 대화 기형 민들레가 왜 매년 군생하여 피는 것일까도 의문이다.

여기서부터는 우리 나름대로 생각한 것을 소개하겠다.

아이들이 홋카이도 수학여행에서
가져온 홋카이도 대화 기형 민들레

90. 6. 11.

병에 걸린 것일까

1988년 대화 기형 민들레가 떼를 지어 나타났을 때 우리들은 매우 놀랐다.

"제초제의 영향일까?"

"어쩌면 체르노빌?"

"돌연변이가 아닐까?"

의견이 분분했다.

효고 교육대학의 야마다 선생에게 편지를 써서 민들레의 대화 기형에 관하여 물어보았다. 그리하여 대화 기형에는 유전성과 비유전성이 있다는 것을 알게 되었다. 줄기가 밟히거나 하는 등의 비유전적인 요인으로도 생길 수 있다는 것이다. 또 진드기나 바이러스 등의 자극으로도 일어날 수 있다고 했다.

아이들은 마거리트, 영산홍, 토끼풀 등 다른 식물들의 대화 기형도 찾아 왔다. 그리고 같은 장소에서 다음 해에도 대화 기형 민들레가 필 것인지가 커다란 관심사로 떠올랐다. 우리는 봄이 되어 또다시 민들레

보라색

노란색

윗면

스가누마가 가져온 대화 기형 국화

원예 식물

1992. 6. 11

가 피기를 몹시도 기다렸다. 그때까지는 상상도 못 했던 일이었다.

그리고 기다리고 기다리던 1989년의 봄이 왔다. 역시 대화 기형 민들레는 출현했다. 그렇다면 작년 줄기에서 다시 나온 것일까? 줄기에 표시를 해 두지 않아 그것은 정확하게 알 수 없었다. 그리고 그해 아이들은 또 새로운 대화 기형 민들레 발생지를 찾아냈다.

1990년, 1991년, 대화 기형 민들레는 계속 나타났다. 나는 그사이 한 가지 사실을 깨닫고는 그것을 확인하고 싶어 1992년의 봄을 손꼽아 기다렸다. 그 추측은 들어맞았다. 작년에 대화 기형 민들레가 잔뜩 피어 있던 곳을 아이들은 '도깨비 민들레 거리'라고 불렀는데 그해에는 그 길에서 하나도 피지 않았다. 대화 기형 민들레는 해마다 다른 곳에서 피어나고 있었던 것이다.

그리고 어쩐지 과거와 비교해 점점 줄어들고 있다는 기분이 들었다. 그렇다면 대화 기형 민들레의 출현은 민들레가 죽음에 이르는 병에 걸렸음을 의미하는 것일까?

대화 기형의 시클라멘
하즈토리가 가져왔다.

꽃이 하나로 붙어서
이어져 있음

대화 기형 민들레의 수수께끼

1993년 봄 대화 기형 민들레가 핀 장소가 역시 또 바뀌었다.

1988년에 처음 대화 기형 민들레가 군생하는 것을 발견한 장소에서는 1991년 이후로는 한 송이도 보이지 않았다. 1989년의 대화 기형 민들레 군생지에서도 11송이 → 20송이 → 4송이 → 0송이 → 2송이로, 1990년을 기점으로 점점 줄어들었다. 역시 대화 기형 민들레가 출현하는 이유는 민들레를 사멸하게 만드는 어떤 병이 들었기 때문인 것일까?

그런 생각을 하고 있는데 마침 이시이에게 전화가 걸려 왔다. 이시이는 이 대화 기형 민들레가 유전성인지 아닌지 확인하기 위해 4년 전 정원에 씨를 뿌렸다. 그 후 대화 기형 민들레가 피었다는 이야기는 듣지 못했는데 그해 처음 정원에 대화 기형 민들레가 피었다는 것이다. 그러면 유전인가?

"하지만 씨를 정원에 흩뿌렸기 때문에 씨에서 자란 것인지 확실하지 않아요. 이번에는 화분에 심어 봐야겠어요."

대화 기형 민들레

대화 기형 민들레가 있는 광경
길가와 교정에도 대화 기형 민들레가 파고들었다.

이시이는 이 말을 하고 전화를 끊었다.

결국 유전인지 아닌지 확실히 알아내지 못했다는 것이다. 또 대화 기형 민들레로 한번 피어난 것은 그 줄기가 죽어 버리는지 어떤지에 대해서도 줄기에 정확한 표시를 해 두어야만 확실히 알 수 있을 것이다. 결국 이것은 미해결로 남았다.

학교에서 대화 기형 민들레 소동 덕에 학생들은 때때로 집 근처에서 대화 기형 민들레를 찾아 가지고 오기도 한다. 1993년 홋카이도 수학여행에서도 아이들은 대화 기형 민들레를 보았다고 했다. 그 외에도 나가노, 사이타마 등지에서 대화 기형 민들레를 보았다는 아이들도 있었다. 우리 학교 주변 말고도 대화 기형 민들레가 무리 지어 매년 출현하는 곳이 또 있을까?

아직 대화 기형 민들레의 수수께끼를 풀지 못한 나는 매년 봄이 기다려진다.

'올해는 어디에서 또 대화 기형 민들레가 출현할까?'

이시이(대화 기형 민들레 사냥꾼)
곤충도 가장 잘 잡는다. 곤충 사체도
누구보다도 빨리 그리고 좋은 것(?)을 줍는다.
도룡뇽 등 작은 동물도 잘 키운다.

"선생님, 이시이
인데요. 오늘 ○○를
주웠어요"라면서
우리 집으로 밤에
자주 전화를
한다.

눈 깜짝할 새 일 년이

우리들의 봄은 나무숲산개구리의 산란으로 시작된다.

1993년 1월 28일 학교 연못에서 이시이가 나무숲산개구리의 알을 발견했다. 아직 봄은 아니었지만 봄이 가까이 와 있던 때였다.

이어서 도쿄도롱뇽의 산란이 있다. 한동안은 도쿄도롱뇽의 산란지를 조사하느라 정신이 없었다. 학교 주변에 골프장을 짓기 시작하고 있어서 그것이 완공되기 전 제대로 된 분포도를 만들고 싶어 더욱 서둘렀다.

4월은 대화 기형 민들레 조사와 함께 시작된다. 또 너구리 길도 찾고 싶다. 학생들과 함께 너구리 배설물이 모여 있는 곳에도 가 본다.

신록과 함께 곤충들이 찾아온다. 거위벌레가 요람을 만드는 모습을 꼼짝 않고 지켜보고, 딱정벌레 찾기에 해 지는 줄 모르고, 바구미의 날개를 펼쳐 보고 깜짝 놀란다. 일본뒤쥐의 사체를 입수하면 냉동고에 일단 집어넣고, 수학여행을 가면 학생들과 그동안 접할 수 없었던 새로운 자연을 찾아 돌아다닌다.

도쿄도롱뇽 알과 어미
1989. 3. 18 이시이가 가져옴.

여름방학은 바쁘다. 그래도 교내 목재창고에서 장수풍뎅이의 애벌레를 찾고 있으면 사쿠마는 "벌써 애들이 찾아 봤어요"라며 놀린다.

여름방학이 끝나면 서로의 여행담으로 이야기꽃을 피운다. 미노루가 주워 온 사체에 놀라고 미노루가 만든 골격 표본을 옆에서 스케치한다.

너구리 사체, 여러 가지 버섯들. 가을도 우리들을 즐겁게 해 준다. 흰넓적다리붉은쥐와 멧밭쥐, 그리고 날다람쥐……. 밤에 하는 자연 관찰도 빼놓을 수 없는 멋진 일이다. 시간이 더 있었으면 하고 투덜거리는 사이 가을은 저문다.

야스다와 함께 낙엽으로 가득 덮인 숲으로 들어가 월동 곤충을 찾으며 겨울을 시작한다. 상수리나무에서 참나무노린재가 산란하는 것을 찾고, 또 집 베란다에서는 쌓인 곤충 사체를 뒤적거린다.

봄이여, 오라! 하지만 겨울도 조금 더 기다려 줘! 아직 제대로 보지 못한 것이 많으니까.

우리들의 관심은 하루하루 계속 옮겨 간다.

검정날개거위벌레의 요람

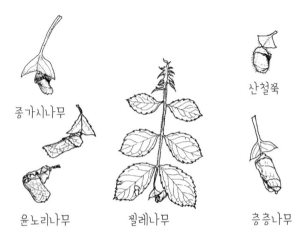

종가시나무

산철쭉

윤노리나무　　　　찔레나무　　　　층층나무

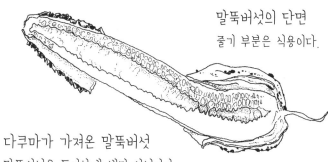

말뚝버섯의 단면
줄기 부분은 식용이다.

다쿠마가 가져온 말뚝버섯

말뚝버섯은 특이하게 생긴 버섯이다.
그 때문에 사람들 눈에 띄면 신기하다는
생각에 아이들이 가져온다.
90. 11. ㄱ

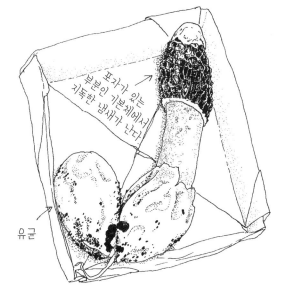

포자가 있는
부분인 기본체에서
지독한 냄새가 난다.

유균

점점 더 빠져들다

우리들은 매일 아무 계획 없이 내키는 대로 여러 생물들을 만난다. 그리고 아주 사소하고도 이상한 계기로 무심히 지나치던 어떤 생물에 푹 빠져들기도 한다. 그런 의미에서는 곤충도 버섯도 식물도 동물도 재미있지 않은 것이 없다.

"하고 싶은 것 모두 하면 되잖아."

시간이 없다고 투덜대고 있었더니 친구 타쿠마가 한마디 해준다. 그렇다, 미쓰다 선생도 말하지 않았던가!

길에서 우연히 졸업생 후마와 마주쳤다. 예전의 해부클럽 멤버인 후마. 우리는 진로에 대해 이야기를 나누며 걸었다.

"후마, 나름대로 세상을 보는 방법과 기준을 가지고 있으면 그걸로 된 거야. 그게 뭐든 간에 말이야."

"여기저기에 다 관심이 가요. 그래서 아직 진로를 못 정했어요. 일단 뭐든 시작해 봐야겠어요."

후마와 이야기하면서 문득 나 자신에게 되뇌었다.

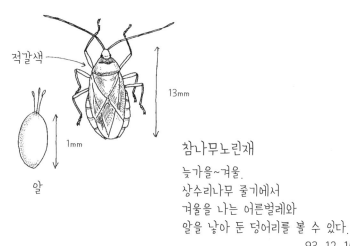

적갈색

13mm

1mm

알

참나무노린재
늦가을~겨울.
상수리나무 줄기에서
겨울을 나는 어른벌레와
알을 낳아 둔 덩어리를 볼 수 있다.
93. 12. 10

"우리는 한 사람, 한 사람이 자기 나름대로 세상을 보는 방법을 알고 싶어 한다."

내가 생물을 좋아하는 것은 분명하다. 그것은 옛날보다 지금이 훨씬 더하다. 단순히 좋아한다기보다는 생물은 내게 세상을 보는 방법이다. 내가 이렇게 된 계기는 뭐였을까……?

어쩌면 저 야쿠 섬 산속에서의 시간이었을지도 모른다. 나는 어렸을 때부터 생물과 함께해 왔고 그것은 나도 모르는 사이 나의 밑바탕을 만들었다. 그리고 거기서 조금 더 도약하려고 생각한 계기가 야쿠 섬의 경험이었다.

하지만 그것이 전부는 아니다. 선생님이 된 것도 지금의 나를 있게 하였고 그것은 다시 새로운 나의 밑바탕이 되고 있다. 선생님은 학생들과 함께 자연을 볼 수 있다. 이런 좋은 기회를 살리지 못한다면 너무 아까운 일이다.

선생님이 되어 몇 년이 지나 그런 생각을 많이 한다. 그것을 느낀 후 학생들이 들고 오는 것을 빠짐없이 기록한다.

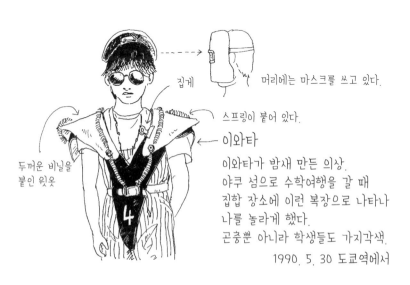

집게

머리에는 마스크를 쓰고 있다.

스프링이 붙어 있다.

이와타

이와타가 밤새 만든 의상.
야쿠 섬으로 수학여행을 갈 때
집합 장소에 이런 복장으로 나타나
나를 놀라게 했다.
곤충뿐 아니라 학생들도 가지각색.

1990. 5. 30 도쿄역에서

두꺼운 비닐을
붙인 윗옷

앞으로도 나는 사체를 주울 것이다

나는 하고 싶은 것이 많다. 곤충을 보고 있는 동안에는 버섯이 보고 싶고 한참 지나면 너구리에 빠져 있다. 변덕이 심하다고 할 수 있지만 반대로 생각하면 '모든 생물을 보는 것'이라고 할 수도 있다. 그것으로도 충분하지 않을까.

일상은 사소한 일투성이다. 아이들이 들고 오는 이야기가 매번 그렇게 재미있는 것은 아니다. 하지만 나는 하나하나 모두 귀를 기울여 본다. 그리고 한참 지나면 거기서 무언가가 보이기 시작한다. 일본뒤쥐의 사체도 스무 마리, 서른 마리가 모이면 하나의 이야기가 만들어진다.

자신의 밑바탕이 만들어지는 것과 도약하는 계기는 처음에는 작은 일로 시작된다. 작은 일들이 얽혀서 어느새 우리 앞에 나타난다. 끝까지 지켜볼 자신이 없다면 할 수 있는 만큼만 받아들이면 된다. 그러다 보면 어느 순간 갑자기 첫울음을 터뜨리게 될 것이다.

사체는 기분 나쁘다. 곤충은 징그럽다. 사체를 좋아하는 사람은 이

'팔이 네 개인 불가사리 발견'

1993년 5월 25일
수학여행 장소인
오키나와 이리오모테 섬에서

마이코 →

〈일상의 괴사건 1편〉
밭 한가운데 갑자기 알이?

동네 사람들에게 연락이 왔다.
'아침에 일어나 보니 밭에 알이 있었어요.
이건 뭔가요?'
이 말만 듣고서는 알 수가 없었다.
바로 알을 보러 갔다. 잘 보니 근처에 사는
대만오리(집오리와 비슷한 종으로 사육용 새)가
멀리까지 와서 알을 떨어뜨린 것이다.

〈일상의 괴사건 2편〉
참새가 목을 매다!

'참새가 목을 맸어요!'
아이들이 알려 온 소식에 깜짝 놀라
바로 현장으로 갔다.
비상계단 위 차양 철골에 분명 참새가
매달려 있다. 현장검증 결과 이 참새는
차양 철골 사이에 둥지를 짓던 중
둥지의 재료로 사용한 낚시줄에 엉키어
죽은 것으로 밝혀졌다.

상하다, 곤충을 좋아하는 사람은 이상하다…….

과연 그럴까?

기분 나쁜 것 안에도 흥미로운 무엇이 들어 있다. 이상한 사람이라서 재미있는 것이다. 그 같은 재미를 그냥 흘려버린다면 아까운 기회를 놓치는 것 아닌가.

"사체를 통해 세계를 볼 수도 있다."

지금의 나는 그렇게 생각한다.

나를 이렇게 만든 것은 학생들과의 관계였다.

나는 앞으로도 우리 아이들과 함께 더 열심히 사체를 주울 생각이다.

유코가 주워 온 멧새의 사체

93. 11. 25

마지막 한마디

축제비다! 라고 야스다가 외쳤다(07:10).

뭐야?

연휴가 끝나고 학교에서 미노루를 만났다.

"어떻니? 많이 주워 왔니?"

"머리 여섯 개요. 척추뼈도 많이 줍고요, 굉장해요."

종이 상자 여섯 개에 뼈를 꽉 채운 것을 보고 할 말을 잃어버렸다. 여름방학 때 나는 규슈 지방을 여행하고 왔다. 미노루가 홋카이도에서 주워 온 돌고래 뼈에 자극을 받았던 것이다. 그리고 운 좋게 고래의 머리뼈를 찾았다. 하지만 살이 썩어 있어 도저히 주울 용기가 나지 않았다. 척추뼈 여러 개와 아래턱뼈만 주워 돌아왔다.

미노루에게 말하자 이번에는 미노루가 연휴를 이용해 규슈로 가더니 내가 버려둔 머리뼈를 비롯하여 그 몇 배나 되는 뼈들을 이렇게 주워 왔다!

"이걸 찾아냈을 때는 너무 기뻐서 그 자리에서 펄쩍펄쩍 뛰었어요. 내가 생각해도 이상해요. 하지만 그 기분은 뼈를 주워 보지 않은 사람은 모를 거예요."

"음, 그 기분 잘 알지."

마침 그날은 학교에서 밤을 보내기로 되어 있어 늦게까지 미노루와 뼈 줍기에 대한 이야기를 나누었다. 한 학생이 우리 대화에 끼어들었다.

"이번 뼈는 냄새가 심하지 않네요. 그런데 저렇게 주워서 어떻게 해요? 뼈를 줍는 게 재미있나요? 아니면 모으는 걸 좋아하는 거예요?"

그 질문에 나와 미노루는 서로를 쳐다보았다.

"모으는 것도 좋아하지만……. 뭐랄까, 설명하자면 복잡해."

미노루의 느릿느릿한 대답에 나도 고개를 끄덕였다.

"뼈를 왜 주워요?"

"뼈를 줍는 게 재미있나요?"

그 물음에는 도저히 한 마디로 대답할 수가 없다. 그 대답을 하고 싶어 이 책을 썼다.

교사 생활을 시작한 지 10년째가 되어 가지만 나는 아직도 학생들을 만나고 사람들을 대하는 것이 서툴다. 솔직히 산에서 생물을 상대하는 게 훨씬 마음 편하고 즐겁다. 학생들에게는 미안하지만 학생들과 함께하는 것은 굉장히 힘든 일이다. 그러나 아이들은 틀 안에 갇혀 있는 나를 좋든 싫든 깨어 버린다.

재미없는 수업을 하면 아이들은 가차 없이 외면한다. 그리고 나에게 생각지도 못했던 것을 깨닫게 하고 놀라게 하여 때때로 분하게도 만든다.

문득문득 산에 틀어박혀 신선처럼 살 수 있다면 얼마나 좋을까 하는 생각도 하지만, 그러나 그렇게 되면 지금 이 아이들에게서 받는 자극을 받을 수 없다는 것을 잘 알고 있다. 분명히 그럴 것이다.

결국 끊임없이 고민하면서 나는 어릴 때 품었던 꿈에 조금씩 다가가고 있다.

옮긴이의 말

처음 이 책을 만난 것이 10년도 더 전이 아니었나 싶다. 이 책을 번역한 후 나는 제법 많은 과학책들을 읽어 왔다. 그럼에도 이 책은 내게 여전히 흥미로웠다.

우선 생물을 사랑하는 모리구치 선생님의 열정에 감탄하기도 하며 어떤 열정도 없이 살아가는 내 삶을 돌아보기도 했다. 주변에 열정을 갖고 살아가는 사람이 있다는 것은 좋은 일이다. 그 열정을 닮기도 하고 배우게 되니까.

그러한 점에서 이 책은 독자들에게, 그중에서도 청소년 독자들에게 무엇인가에 열정을 갖게 하는 계기를 제공할 좋은 책이라는 생각을 한다. 그 열정의 대상이 생물이든, 자연이든, 아니면 자연과 무관한 어떤 것이든 간에 말이다.

이 책을 읽고 난 후, 나는 여름날 눈앞에 날아가는 모기나 파리들, 비 온 뒤 아스팔트 위로 올라온 지렁이들, 여름 끝 무렵 길바닥에 죽어 있는 매미 사체를 보면 더 이상 이들을 무심코 보아 넘기지 않는다. 우연히 들른 곤충 박물관에서도 대벌레 표본을 보며 대벌레들의 생식 방법을 떠올리며, 밤길에 마주친 너구리 대가족을 보며 너구리 생태에 대해 생각한다.

이 책에는 다양한 생물들의 생태가 소개되어 있다. 깊지는 않지만 폭넓고 다양한 생물들의 생태를 다루고 있어서 생물에 대해 얕았던 지식을 전반적으로 끌어올릴 수 있다. 더불어 자신은 어떤 생물에 더 관심이 가는지 좀 더 구체적으로 생각해 볼 기회를 얻을 것이다. 그렇기 때문에 자연을 사랑하는 사람들, 생물을 알고 싶은 사람들에게 작은 디딤돌이 되어 줄 것이라는 점을 나는 확실하게 말할 수 있다.

사소한 궁금증과 사소한 생각들이 모여 기발한 생각들이 생겨난다. 그리고 이것은 생물들만큼이나 각양각색의 우리들 생각과 모습을 만들어 낸다. 모두가 생물을 좋아하고 자연과 함께 살아야 한다는 것은 아니다. 무조건적으로 자연은 좋은 것이라고 생각하거나 자연은 더럽고 지저분하다는 생각에서 벗어나라는 것이다.

생물의 다양성만큼이나 필요한 것이 사고의 다양성이다. 생물을 관찰하고 자연을 가까이하며 생활하면 마음의 여유를 누리며 훨씬 더 다양한 사고를 하게 될 것이다.

얼마 전 TV 채널을 돌리다가 미래에는 '창의 융합 인재'를 필요로 한다는 말을 우연히 들었다. 문득 생각해 보니 '창의 융합'은 생물이 가진 가장 원초적 본능이 아닐까. 벌의 모습으로 진화한 파리나, 무당벌레처럼 진화한 바퀴의 의태를 비롯해, 진디나 대벌레처럼 생물들이 살아남기 위해 선택한 생존 방식은 가장 원초적인 창의 융합이다.

이것은 사고의 다양성으로 이어진다. 인간의 상상력을 뛰어넘는 생물들의 생존 방식에 우리는 깜짝 놀랄 수밖에 없다. 이 책을 통해 사고의 다양성을 접하며 또 간접적으로나마 이 책에 등장하는 개성 있는 아이들을 만나며 즐거움을 누리는 시간을 가져 보기를 기대한다.

박소연

우리는 매일 아무 계획 없이
내키는 대로
여러 생물들을 만난다.
곤충도 버섯도 식물도 동물도
재미있지 않은 것이
없다.